千古奇文·制胜谋学

# 予学

[东汉] 许劭·著
龙翔·评

苏州新闻出版集团
古吴轩出版社

图书在版编目（CIP）数据

予学 /（东汉）许劭著；龙翔评. -- 苏州：古吴轩出版社, 2025. 4. -- ISBN 978-7-5546-2629-0

Ⅰ. B825

中国国家版本馆CIP数据核字第20255KC685号

**责任编辑：** 顾　熙
**见习编辑：** 杨　楠
**策　　划：** 程向东
**封面设计：** 言　成

| 书　　　名： | 予学 |
|---|---|
| 著　　者： | [东汉]许劭 |
| 评　　者： | 龙　翔 |
| 出版发行： | 苏州新闻出版集团 |
| | 古吴轩出版社 |
| | 地址：苏州市八达街118号苏州新闻大厦30F |
| | 电话：0512-65233679　　邮编：215123 |
| 出 版 人： | 王乐飞 |
| 印　　刷： | 大厂回族自治县彩虹印刷有限公司 |
| 开　　本： | 670mm×950mm　　1/16 |
| 印　　张： | 12 |
| 字　　数： | 137千字 |
| 版　　次： | 2025年4月第1版 |
| 印　　次： | 2025年4月第1次印刷 |
| 书　　号： | ISBN 978-7-5546-2629-0 |
| 定　　价： | 56.00元 |

如有印装质量问题，请与印刷厂联系。0316-8863998

# 前言

《予学》的作者许劭,是东汉时期著名学者、评论家,因其对人物的精准评判而在当时声名显赫。曹操少年时,放荡不羁,沉湎于飞鹰走狗之乐,世人多非议之,然桥玄独具慧眼,洞悉其非凡潜质。桥玄曾密语:"君未有名,可交许子将(许劭,字子将)。"曹操闻此,遂诚挚求见许劭,以求品鉴。初时,许劭默然不语,然在曹操的坚持下,许劭终开金口:"君清平之奸贼,乱世之英雄。"曹操闻之,惊喜交加地离去。

许劭对曹操的评价实在过于知名,因此人们谈起许劭,想到的都是他评论家的身份,其作为学者的身份不免有些暗淡,更使得他的学术著作《予学》鲜为人知。

读一本书,虽然不见得能改变一个人的命运,但也能助人更近成功之门。《予学》便是这样一部典范,更是成大事者必备之远见卓识的集中体现。东汉末年,群雄逐鹿,这是不择手段而"取"的时代,《予学》却直扣事物本质,倡导"舍"之大道,强调有"舍"方有"得",有"予"方能"取"。正如《道德经》所云:"天之道,损有余而补不足。"在许劭笔下,顺应自然之道,方能达至平衡,天道终会酬勤或酬德。此中智慧高人一等、独树一帜，读之一次，终身受益。

在中国传统文化的浩瀚典籍中，《予学》的独特性与价值不言而喻。一方面，作者以超凡的视野，对成功的奥秘进行了深刻剖析，提出获取由给予决定，小舍小得，大舍大得的独到见解。视角之新颖，结论之震撼，皆前所未有，颠覆了传统思维，为我们开启了一扇通往新认知的大门，提供了一套完整的处世哲学，更引领我们迈向更高层次的人生境界。另一方面，《予学》以其深邃的内涵与严谨的论述，实现了思想内容与表达形式的完美统一，独树一帜。其探讨的问题，均属人们生活中至关重要却常被忽视的领域，这赋予了《予学》既哲理深邃、启人心智，又广泛适用、实用性强的独特魅力。

在物质文明高度发达的今天，我们往往过分关注个人的得失，而忽视了他人所带来的满足与幸福。《予学》提醒我们在追求个人成功的同时，也要关注他人的需求与感受。通过给予，我们不仅能够赢得他人的尊重与信任，更能在人生的旅途中找到真正的价值与意义。

此外，《予学》还告诫我们要学会"不予"，即在特定情境下保持内心的纯净与坚定，不被无谓的施舍所迷惑。这种对"予"与"不予"的精准把握，正是许劭赋予我们的宝贵启示。它教会我们：在人生的旅途中，既要慷慨给予，以赢得尊重与信任；又要学会拒绝无谓的施舍，以保持内心的纯净与坚定。

总而言之，《予学》是一面人性的镜子，映照出我们自身的不足与局限，也如同一盏明灯，指引我们在纷繁复杂的世界中找到前行的方向。通过研读《予学》，我们不仅可以学会如何在生活中对待给予与接受，如何在人际关系中建立良好的沟通，更为重要的是，我们可以学会如何在自己的内心世界中找到真正的平衡。这些宝贵的智慧，将伴随我们走过人生的每一个阶段，成为我们最坚实的后盾。热切期盼着更多的人能够沉浸于《予学》的研读之中，深刻领悟人生的真谛。

# 目录

## 得失卷一  » 001

001/ 大失莫逾亡也，身存则无失焉。　004/ 大得莫及生也，害命则无得焉。　006/ 得失之患，启于不舍。　009/ 不予之心，兴于愚念。　011/ 人皆有图也，先予后取，顺人之愿，智者之智耳。　014/ 强者不予，得而复失。　016/ 弱者不予，失之难测。　019/ 予非失，乃存也。　022/ 得勿喜，失或幸，功不论此也。　025/ 夺招怨，予生敬，名成于此矣。

## 顺逆卷二  » 028

028/ 患死者痴，患生者智。　031/ 安顺者庸，安逆者泰。　034/ 多予不亡，少施必殃。　037/ 惠人惠己，天不佑凶也。　040/ 顺由予生，逆自虐起。　042/ 君子不责小过，哀人失德焉。　045/ 小人不纳大言，恨己无势焉。　048/ 君子逆而不危，小人顺而弗远。　051/ 福祸不侵，心静可也。　053/ 苦乐不怨，非悟莫及矣。

## 尊卑卷三 » 056

056/ 尊者人予也，失之则卑。　059/ 卑者自强也，恃之则尊。
061/ 以金市爵，得而不祥。　064/ 以势迫人，威而有虞。　067/ 金不可滥，权不可纵，极则易也。　069/ 贫者勿轻，其忠贵也。　072/ 贱者莫弃，其义厚也。　075/ 忠予明主，义施君子，必有报焉。
077/ 誉非予莫取，取之非誉也。　080/ 功不争乃获，获之则功也。

## 休戚卷四 » 083

083/ 物有异也，理自通焉。　086/ 命有别也，情自同焉。　089/ 悦可悦人，哀可哀人，休戚堪予也。　091/ 福不可继，祸不可养，福祸莫受也。　093/ 不省之人，事无功耳。　096/ 同欢者寡，贵而远离也。
098/ 共难者众，卑而无间也。　100/ 苦乐由人，非苦乐也。　102/ 至乐乃予，生之崇焉。　104/ 至苦乃亏，死之惶焉。

## 荣辱卷五 » 107

107/ 人强不辱，气傲无荣。　110/ 荣辱莫改，其人惟贤。　113/ 予人荣者，自荣也。　115/ 予人辱者，自辱也。　118/ 君子不长衰，小人无久运，道之故也。　120/ 饥以食，莫逾困以怜。　123/ 寒以暖，无及厄以诚。　126/ 予人至缺，其可立也。　128/ 荣极则辱，惟德可存焉。
131/ 辱极则荣，惟善勿失焉。

## 成败卷六 » 134

134/ 成无定式，利己利人乃成焉。　136/ 败有定法，害人害己乃败焉。　139/ 君子之名，胜于小人之实。　141/ 小人之祸，烈于君子之难。　144/ 观其人也，可知成败矣。　147/ 敌者，予之可制也。　149/ 友者，予之可久也。　151/ 亲者，予之可安也。　153/ 功高未可言胜，功不为胜也。　156/ 人愚未可言败，愚不为败矣。

## 兴亡卷七 » 158

158/ 无不亡之身，存不灭之理。　160/ 春秋易逝，宏业可留。　163/ 薄敛则民富，兴焉。　165/ 政苛则民怨，亡焉。　167/ 人主兴亡，非为天也。　170/ 君子兴家，不用奇计。　172/ 小人败业，坏于奸谋。　175/ 正不予贿，邪不予济，察之无误也。　178/ 天降之喜，莫径取焉。　180/ 不测之灾，勿相欺焉。

## 得失卷一

**原文**

大失莫逾亡也，身存则无失焉。

**译文**

人所能失去的莫过于生命，只要生命尚存，失去的一切就能重新获得。

### 点评

在我们的一生中，可能会遭遇无数的挫折与失败，财富、地位、名誉都有可能失去。然而，与生命的消逝相比，这些都不过是微小的波澜。

生命的宝贵，不仅在于它不可复得，更在于它赋予我们思考、感知和创造的能力。

只要生命之火未熄，希望之光便永存。无论生活多么艰难困苦，只要我们能负重前行，就有机会扭转乾坤。

每一丝黎明的曙光，都是一个崭新的起点，它提醒我们：无论昨夜多么痛苦，新的一天总会带来新的希望。

面对生活的挑战，我们要有坚韧不拔的精神和积极向上的态度，坚信只要一息尚存，就一定有机会修正错误，重新踏上成功的征途。

# 彭城之战后刘邦的逆袭

### 彭城之战后刘邦是如何完成逆袭的？

楚汉争霸期间，刘邦抓住项羽主力被田横牵制在齐地，西楚首都彭城防御空虚的良机，率领联军迅速攻占了彭城。刘邦踌躇满志，认为项羽的退路已被切断，反击无望。因此，他与联军的诸侯沉溺于暂时的胜利之中，日日举办宴会，纵情声色，尽情享受胜利的果实。项羽在得知刘邦占领彭城后，迅速集结了三万精锐骑兵，奇袭了刘邦联军。这场战役，项羽的军队斩杀汉军十余万人，汉军南逃至睢水，又被赶下睢水十余万，尸体堵塞了睢水。刘邦本人也被楚军包围，幸亏一场突如其来的风暴直扑楚军，他才得以带着数十名随从突围而出，可谓败得狼狈不堪。这一战，对刘邦而言，无疑是人生中最大的挫折。然而，正是这次惨败，成为他重新崛起的转折点。

### 自我反思，重整旗鼓。

退守下邑的刘邦，面对联盟解体、大军覆灭的绝境，没有沉溺于失败的沮丧与悔恨之中，而是迅速调整心态，积极寻求破局之策。他深知"留得青山在，不怕没柴烧"的道理，于是重整旗鼓，调整战略。张良的及时提醒，让他意识到必须联合更多力量，方能战胜强敌。于是，他拉拢英布、彭越等诸侯，并重新起用韩信这位军事奇才。这三股力量的加入，极大地增强了汉军的实力。刘邦随后成功击退了楚军的追击，稳定了战局。

**逐步反攻，终成大业。**

楚汉争霸的相持阶段持续了一段时间后，刘邦凭借英布、彭越、韩信等人的鼎力相助，逐步扭转了战局。最终，在韩信的率领下，汉军全线告捷，彻底击败了项羽，建立了汉朝。彭城之战的惨败，虽然让刘邦失去了许多，但也让他深刻反思，从而走上了更加稳健的复兴之路。刘邦从彭城之战的惨败中崛起，不仅展现了他卓越的领导才能和坚韧不拔的精神，更证明了生命中伟大的光辉在于坠落后总能再度升起。人生无论遭遇多大的失败与挫折，只要保持生命的存续和内心的坚韧，就有机会重新站起来，绽放出更加耀眼的光芒。

**原文**

大得莫及生也，害命则无得焉。

**译文**

人最大的收获莫过于生命本身，一旦生命终结，得到的一切都将化为泡影。

### 点评

生命，作为宇宙间最宝贵的奇迹，赋予我们体验世间万物、追求梦想的力量。无论我们身处何境，拥有何等财富与地位，生命的存续始终是一切价值的源泉。

生命的消逝，不仅意味着个体的终结，更是对无限可能性的扼杀。

生命宝贵，我们应当认识到生命的价值，尊重和保护生命，才能创造无限可能。

因此，我们不单单要追求事业成功，也要珍惜与家人、朋友的情谊，保持身心健康，培养兴趣爱好，珍惜生命，热爱生活。

# 诸葛亮积劳成疾

### 如何平衡事业与健康？

诸葛亮被誉为"智圣"，其以卓越的才能和无私的奉献，为蜀汉政权立下汗马功劳。政治上，他推行法治、发展经济、改善民生，使蜀汉成为三国中相对稳定的国家；军事上，他更是多次北伐中原，虽未能使蜀汉完全统一中国，但展示了其卓越的军事才能和战略眼光。同时，诸葛亮还是一位文学家和书法家，其《出师表》等作品至今仍被传颂。然而，长期的劳累和过度的操心使诸葛亮积劳成疾，最终病逝于五丈原，享年仅五十四岁。

### 勤勉不怠，亦须保重身体。

诸葛亮，一生勤勉不懈，鞠躬尽瘁，直至生命的最后一刻。若他能平衡得失之心，在繁忙的政务与军事活动之余，注重身体的调养，或许能够避免"出师未捷身先死"的悲剧。

### 生命消逝，遗恨千古。

诸葛亮的早逝，不仅让蜀汉失去了一位杰出的领导者，也让无数后人为之叹息。诸葛亮的辉煌成就与未竟事业，都随着他的生命终结而化为泡影。他的才华、智慧和努力，虽然通过其遗留下来的作品得以延续，但他终究未能亲眼见证后世的兴衰荣辱，实属遗憾。

## 原文

得失之患，启于不舍。

## 译文

得失所导致的忧患和灾祸，往往源于不懂得取舍。

## 点评

对得失的过度关注反映了心态的失衡。当我们过分执着于获得，不愿放手时，往往会被无尽的焦虑所困扰。这不仅限制了我们的视野，束缚了我们的行动，也可能会让我们忽视生命中更为重要的事物。

执着于名利，我们会陷入无尽的欲望旋涡中；过分迷恋私情，我们则会陷入情感的泥沼，难以自拔。

名利和私情，往往伴随着占有欲与控制欲的膨胀，这种对获得感的过度依恋，会使我们在人生的道路上越走越偏，最终迷失方向。因此，我们必须学会舍弃。舍弃那些不属于自己的东西，是为了更好地迎接即将到来的事物。

只有勇于舍弃，我们才能有所获得；只有懂得放下，我们才能收获真正的幸福与内心的宁静。

# 骊姬乱晋

### 一名女子何以引发国家动荡?

骊姬,春秋时期晋献公的宠妃,凭借其绝世的美貌和诡诈的策略,赢得了晋献公的极度宠爱。这份宠爱,逐渐转化为她对权力的渴望和对地位的追求。骊姬并不满足于做晋献公的宠妃,她渴望自己的儿子奚齐能够成为晋国的太子,从而掌握国家的命运。

为了实现这一野心,骊姬巧妙地设下了一系列圈套。她首先诬陷太子申生企图谋反,导致晋献公对申生产生了怀疑。接着,她利用晋献公的信任,不断挑拨离间,使得晋献公与其他公子的关系变得紧张。晋献公被骊姬的美貌和柔情迷惑,对她的话深信不疑,因此一步步走向了自我毁灭的边缘。

最终,在骊姬的操纵下,太子申生被迫自尽,其他公子也纷纷逃离晋国。晋国内部陷入了空前的混乱与动荡。

### 宜明辨是非,割舍私情。

如果晋献公能在宠爱骊姬的同时,保持清醒的判断力,明辨是非,不被个人情感蒙蔽,他或许能够及时识破骊姬的阴谋,并采取措施予以阻止。然而,他对骊姬的过度依恋和不舍,使他失去了判断力,最终导致了晋国内部的动荡与不安。

### 内乱频发,国势日衰。

晋献公去世后,晋国内部爆发了激烈的权力争夺战。尽管骊姬成功地让自己的儿子奚齐登上了王位，但仅仅一个月后，晋献公的股肱大臣、太子申生的坚定支持者里克便杀死了奚齐。此后，晋国内部纷争不断，为晋国日后的分裂与衰落埋下了伏笔。

**原文**

## 不予之心，兴于愚念。

**译文**

不愿给予的心态，往往源于愚蠢的念头和狭隘的思维。

## 点评

常言道："施比受更有福。"当一个人愿意去给予的时候，他才能得到更多。

从心理学上来说，如果一个人总是患得患失、焦虑不安，那么无论他坐拥多少财富，他的内心都是穷困的；而那些愿意施予的人，内心平静而富足，这才是真正的福气。

世俗之人往往受限于个人的视野与认知，无法做出完全理性的考量。那些不愿施予的人没有意识到，在关键时刻伸出援手，不仅是在帮助他人，还是在为自己的将来创造机遇。

因此，我们应当超越短视的局限，以一种更开放、更长远的视角去理解世界，积极地帮助他人。这样，才能促进自我价值的提升。

得失卷一

# 王羲之助人卖扇

### 一介书生如何帮助贫寒老妪？

王羲之，东晋时期杰出的书法家，他书写的《兰亭集序》被誉为"天下第一行书"，后人尊称他为"书圣"。一日，王羲之漫步于街头，看到一个满头银丝的老妪，她手中抱着一捆扇子，在炎炎烈日下努力兜售。然而，由于扇子做工粗糙，无人愿意购买。老妪面露忧愁，焦急万分。

### 与人为善，润物无声。

王羲之对老妪心生怜悯，便借来笔墨。随后，他轻展衣袖，提笔蘸墨，在扇面上挥洒自如。他的笔法宛若龙蛇，气韵生动，不一会儿，那些原本普通的纸扇便散发出非凡的艺术气息。老妪不明就里，焦急地说道："我的扇子已经卖不出去了，你这么一画，就更没人要了！"王羲之微笑着安慰道："婆婆，请放心！有我题字的扇子，一把要卖一百文，少一文您都不必卖。"

### 墨香四溢，善行流芳。

果然，人们见是王羲之题字的扇子，都争先恐后地购买，扇子很快销售一空。王羲之的善举也传遍了整个建康城，人们纷纷赞叹他的才华与品德。对王羲之而言，这不过是举手之劳而已，但正是这件小事，如同一股清泉，滋润了无数人的心田。

## 原文

人皆有图也,先予后取,顺人之愿,智者之智耳。

## 译文

每个人都有追求的目标,先为他人付出,然后才能得到回报;顺应他人的意愿,这是智者的智慧。

## 点评

《道德经》中有言:"将欲取之,必固予之。"

每个人,都潜藏着某种渴望或企图心。为了达成这些目标,我们必须先学会付出,向他人提供帮助和支持,才能在未来收获相应的回报。

这种顺应他人意愿的行为,不仅彰显了我们的善良与慷慨,更是一种智慧的体现。通过这种方式,我们能够赢得他人的尊重和信任,无形中为自己铺就一条通往成功的道路。

因此,我们应该学会先付出,再期待回报,这样才能不断提高自身的价值。

# 文成公主入藏和亲

### 唐太宗如何处理民族问题？

唐贞观八年（634），吐蕃的赞普松赞干布派遣使者前往大唐，随后唐太宗也遣使回访。不久之后，松赞干布再次派遣使者前往长安，表达了迎娶一位唐朝公主的愿望，但遭到了唐太宗的婉拒。当时，吐谷浑王恰好访问唐朝，吐蕃的特使回国后，告诉松赞干布是吐谷浑王的干预导致唐朝拒绝了和亲。四年后，松赞干布以吐谷浑的干预为由，发兵攻打了吐谷浑、党项和白兰羌，并直逼唐朝的松州（今属四川省）。他威胁说，如果唐朝不同意和亲，他将率领大军攻打。唐朝的将领牛进达率前锋部队击败了吐蕃军队。松赞干布感到恐慌，在唐将侯君集率领的主力部队抵达之前，便匆忙撤退，并派遣使者前来谢罪，再次请求和亲，并以五千两黄金以及其他珍宝作为聘礼。

### 成人之美，联姻止戈。

唐太宗深思熟虑后，决定满足松赞干布的愿望，遂将文成公主许配给他。文成公主的嫁妆中包含了佛像、经典著作、金玉饰品等，这些对吐蕃文化产生了深远的影响。她随行的文士们协助整理了文献资料，记录了重要的对话，促进了吐蕃政治的规范化。松赞干布因与文成公主的联姻而对汉文化产生了钦羡之情，他派遣贵族子弟入中土学习汉文化，聘请唐朝文士负责文书工作，并请求中原传授蚕种和工匠技术。

### 传播文化，民族融合。

唐朝通过与吐蕃的和亲政策，赢得了人心并获得了尊重。文成公主的博学多才对吐蕃的文明进步产生了深远的影响，同时和亲巩固了唐朝的边防安全，促进了汉文化的传播，并推动了唐朝与吐蕃之间的经济、文化交流。她在吐蕃生活了三十余年，促进了两地的友好关系，赢得了吐蕃人民的尊重和爱戴。她的故事至今仍广为流传。

## 原文

强者不予，得而复失。

## 译文

如果强势的人不懂得施予，那么目前所得到的一切将来也会渐渐失去。

## 点评

在职场或个人生活中，那些处事强势的人，往往决心坚定，行动果断，能够迅速克服障碍，能在短期内达成目标。

然而，若要保持长久的成功，单靠强势是远远不够的。

倘若一个人只专注于追求个人利益，不愿与他人分享和合作，那么他可能会逐渐丧失周围人的信任和支持。这种孤立无援的状态，最终可能导致失败，所有成就也可能付诸东流。

相反，那些愿意助人、乐于分享的人，往往能够构建起一个稳固而强大的人际网络。在这个网络中，他们能够获取宝贵的信息、丰富的资源以及各种形式的帮助，这些都是推动个人成长和成功的关键因素。

# 董卓的独断与败亡

### 权势滔天，能否长久屹立？

董卓，东汉末年的权臣，因掌控朝廷大权而嚣张跋扈。他废立皇帝，专横独断，对待百姓和士族更是残酷无情、肆意掠夺。他自恃武力强大，以为可以永远控制局势，却忽略了人心向背。

不久，董卓的暴政激起了天下人的愤怒。各地诸侯纷纷起兵反抗，百姓也对他恨之入骨。最终，在王允等人的策划下，董卓被吕布所杀，其家族也被诛灭。

### 治国当以仁，待人当以宽。

若董卓能在权势鼎盛之时，以仁政治理国家，以宽厚之心对待百姓和士族，或许能够赢得更多的支持和尊重，从而稳固自己的地位。然而，他却因自己的暴虐和自私而走向了灭亡。

### 权势如泡沫，一触即破。

董卓作为一代枭雄，因自己的强势和自私，落得个身死族灭的下场。他的故事告诉我们：不懂得给予、尊重他人且不能以仁德治国的人，永远无法赢得人民的拥护和命运的眷顾。

## 原文

弱者不予，失之难测。

## 译文

如果处于劣势的人不懂得施予，那么将来的损失就难以预测了。

## 点评

俗话说："人心齐，泰山移。"

处于劣势的人，通常资源有限，能力不足。在团队协作或社会竞争中，他们需要借助他人的力量来达成自己的目标。如果他们选择独自占有成果，会丧失与他人建立良好关系的宝贵机会。这种短视行为，将使他们在未来的道路上更加孤立，面临更多的挑战和难题。

更严重的是，这样往往会激起他人的反感和嫉妒，当这种负面情绪积累到一定程度时，可能会导致冲突和争斗。

在这样的情况下，他们本已脆弱的地位将变得更加岌岌可危，甚至可能遭遇毁灭性的打击。

无论是团队协作，还是个人成长，都需要我们保持开放的心态和分享的精神。当我们愿意与他人分享成果时，这不仅能增强团队的凝聚力和战斗力，还能获得更多的支持和帮助。

# 朱元璋的联盟策略

### 朱元璋如何从劣势中崛起,并吸引众多英雄?

朱元璋,原名朱重八,出生于元朝末年一个贫苦的农民家庭。因家境贫寒,他自幼便给地主放牛。后来父亲、兄长、母亲相继去世,他更是流落为乞丐,也做过行僧,饱尝人间冷暖。在元末农民起义的浪潮中,朱元璋看到了改变命运的机会,投奔了郭子兴领导的红巾军。在红巾军中,朱元璋凭借勇猛与机智,逐渐得到郭子兴的赏识和重用。在战斗中,朱元璋从不独享战利品,而是公平分配,让每一位士兵都能感受到胜利的喜悦。同时,对于有能力的人才,他总是不吝重用与奖赏,这极大地激发了士兵们的斗志,提高了士兵的忠诚度,使得红巾军的队伍日益壮大。此外,朱元璋还善于团结各方势力,共同商讨对抗元朝的大计。通过共享胜利果实与战略资源,朱元璋成功地将各地的起义军团结在一起,形成了强大的反元联盟。

### 共享资源,团结人心。

在力量尚显薄弱之际,朱元璋借助资源与机会的共享,成功地吸引了众多英雄豪杰的追随。这一策略对于现代企业与团队而言,同样具有重要的借鉴价值。面对挑战与困境时,领导者应当积极地与团队成员分享资源和机会,共同面对风险与责任。唯有如此,方能激发团队成员的潜能与创造力,共同创造更加卓越的成就与业绩。

### 推翻元朝,成就帝业。

朱元璋凭借其共享精神和团队的紧密合作,成功地推翻了元朝,并建立了明朝。他的成就不仅归功于个人的才能与智慧，更在于他能够凝聚人心、共享成果。这种共享精神，成为朱元璋团队持续进步的动力源泉，并为后世提供了宝贵的启示与借鉴意义。

## 原文

予非失,乃存也。

## 译文

给予并非失去,而是一种不同形式的拥有。

## 点评

在日常的生活观念中,给予常被误解为单方面的付出,然而,它实际上是一种更具智慧的拥有。正如历史中那些卓越的领导者所展现的,他们并未因让利于民而损害自己的利益,反而因此获得了更为稳固和持久的统治。

从更深层次的意义上说,给予,超越了物质层面的拥有,是情感的传递与心灵的触碰。它让我们学会放下个人的私利,去关注更为广阔的社会与人类的福祉。

当我们愿意付出、愿意给予时,我们其实是在以更加高尚的方式拥有这个世界。

# 西门豹治邺

### 西门豹如何将邺城治理得民富兵强？

战国时期，魏国杰出的政治家西门豹曾在邺城（今河北临漳西南）担任县令。邺城百姓深受地方豪绅与巫祝的残酷剥削，生活困苦。西门豹初到此地时，看到这里人烟稀少，田地荒芜，百业待兴，社会风气败坏，因此立志改善现状。

### 惩治恶霸，兴修水利，藏富于民。

西门豹首先利用河伯娶妻的迷信习俗，巧妙地惩治了地方恶霸与巫祝等恶势力，为百姓除害，同时也为自己树立了威信。随后，西门豹又带领百姓兴修水利，开凿了著名的引漳十二渠。这一工程使田地得到充分灌溉，粮食产量大幅增加，百姓的生活水平也随之提高。西门豹在造福百姓的同时，还实行"寓兵于农、藏粮于民"的政策，他鼓励百姓在丰收时储存粮食、自备兵器。这样一来，百姓在和平时期可以自给自足，一旦遭遇战乱或灾害，也能迅速组织起强大的自卫力量。

### 民富国强，击败强敌。

西门豹的举措起初并未得到同僚的理解。有人向上举报邺城粮库里没粮，钱库里没钱，武器库里没武器，官府里没账本。魏文侯因此来视察，发现确实如此，勃然大怒。西门豹给出的解释是"王主富民，霸主富武，亡国富库"，而魏文侯要想走上王道，就要藏富于民。西门豹还向魏文侯展示了他的治理结果——一声令下，全城动员。魏文侯心悦诚服。后来，当燕国侵略魏国时，邺城百姓迅速集结，成功击退了敌人。

西门豹运用国家资源去造福百姓，他的给予让邺城百姓过上了富足的生活，也大大加强了魏国的实力。这证明，对百姓慷慨给予，可以收获百姓的信任与支持。

**原文**

得勿喜，失或幸，功不论此也。

**译文**

收获不必过分欢喜，失去或许是幸事一桩，成功向来不以得失来衡量。

### 点评

得失之间，蕴含着深刻的哲理。

当我们沉醉于成功的喜悦时，容易忽略潜在的危机；而当我们勇敢面对失去的痛苦时，却可能意外地发现成长的契机。

智者不会因一时的得失而沾沾自喜或垂头丧气，他们内心坚定，深知人生的价值远非得失所能衡量；成功与失败，只是生命旅程中的某个阶段，而非终极目标。

真正的成就，在于我们如何在得失之间保持平和的心态，不断前进，持续探索，最终实现自我超越。

# 谈迁著《国榷》

**面对重大损失,应如何应对?**

谈迁(1594—1658),明末清初史学家,因家境贫寒,以抄写和代写文章维持生计。在这样的清贫生活中,他怀揣着一个宏伟的梦想——编纂一部详尽且可信的编年体明史《国榷》。为了实现这一梦想,谈迁不惧艰难,从明天启元年(1621)起便开始搜集史料。由于贫穷,谈迁无法购买书籍,只能借阅和抄写。他亲自寻访古迹,常常步行上百里。借阅《明实录》后,他更是投入数年时间,逐字逐句地抄录。这些辛劳与付出,只有谈迁自己能够深刻体会。经过二十余年的不懈努力,谈迁终于完成了长达一百卷约五百万字的《国榷》书稿。然而,命运给了他一个沉重的打击。在清顺治四年(1647)八月的一个夜晚,盗贼洗劫了他的家,珍贵的《国榷》书稿被盗走。这对谈迁来说,无疑是毁灭性的打击,他几乎崩溃。

**淡然处之,精益求精。**

在绝望的边缘,谈迁展现出惊人的坚韧精神。他坚信"国灭而史不可灭",决定重新编写《国榷》。此时,他已经年过半百,两鬓斑白,却仍然不畏严寒酷暑,无论晴雨,都会前往藏书人家,甚至远至百里外的嘉善、湖州等地抄录借阅资料。为了完善书稿,谈迁渴望前往北京搜求更多史料,但受限于家境,这一愿望迟迟未能实现。清顺治十年(1653),义乌朱之锡进京担任弘文院编修,聘请谈迁做秘书。谈迁带着《国榷》初稿欣然前往,这正是他梦寐以求的机会。到京后,他利用业余时间,拜访前朝降臣、皇族、宦官和公侯门客,搜集明朝遗闻轶事,并实地考察历史遗迹，以此考证、补充和修订《国榷》初稿。为了提高书稿的质量，他还向吴梅村等学者请教，对《国榷》初稿进行了全面的考证、补充和修订。

**梦想成真，成就永恒。**

又经过几年的努力，谈迁终于第二次完成了《国榷》初稿，而且相较被盗的稿件，质量也有了大幅提升。这部书稿不仅凝聚了谈迁一生的心血与智慧，更体现了他坚韧不拔、勇往直前的精神。谈迁的故事将永远激励后人，让人们记住在人生遭遇重大损失时，不要丢掉坚韧之心，不要忘记勇往直前，追求自己的梦想。

## 原文

夺招怨,予生敬,名成于此矣。

## 译文

抢夺他人的利益会激起怨恨,而慷慨施予则能赢得尊敬。一个人的声望正是从给予中建立起来的。

## 点评

选择抢夺还是给予,这是个值得深思的问题。

虽然抢夺可能带来一时的胜利和满足,但这种胜利往往伴随着他人的不满和怨恨。这样的胜利,宛如建立在沙滩上的城堡,难以持久。

相比之下,给予和帮助他人,尽管会牺牲一些个人利益,却能赢得他人的尊敬和感激。这种无形的财富,是任何物质都无法替代的。

常言道:"予人玫瑰,手有余香。"在给予的过程中,我们也在不断地成长。通过帮助他人,我们学会了同情和理解,学会了宽容和忍耐。这些品质不仅使我们在人际交往中更加得心应手,也让我们在面对自己的问题时更加从容不迫。

# 范仲淹与范氏义庄

### 范氏家族为何能长盛不衰？

范仲淹，北宋时期杰出的政治家、文学家，"庆历新政"的主导者。他虽然出身寒门，但是功勋卓著，恩泽遍及后世。他的家族历经数百年风雨而长久兴盛。

孟子曰："君子之泽，五世而斩。"民间也有俗语："富不过三代。"那么范氏家族为什么能长盛不衰呢？这要从范仲淹的家风传承说起。

范仲淹小时候生活困苦，寄宿在破庙里读书，每天晚上煮一碗粥，等过夜粥凝固后，用刀切成四块，就着咸菜早晚各吃两块。同学们看他吃得如此简单，便将自己的好肉好菜分给他，但他始终不肯接受。另外，他在小时候就立下"不为宰相，便为良医"的志向，因为宰相能治国安民，而良医能治病救人。后来，范仲淹果然官至参知政事。

显达后的范仲淹依然不改俭朴的作风，《宋史·范仲淹传》载："其后虽贵，非宾客不重肉。妻子衣食，仅能自充。"他还特别注重家族子弟的教养，告诫后人不可养尊处优，消极懈怠。他的儿子中，除了长子因病致仕外，其余三个儿子全都凭自己的努力做了高官，次子范纯仁还官至尚书右仆射兼中书侍郎。

范仲淹在传承家风家训的同时，还考虑到整个家族后代的生计。他创办范氏义庄来补贴族人嫁、娶、丧、祭等事宜的用度，并接济贫困者，长久保障了族人的温饱。

### 范氏义庄，泽被后世。

范仲淹晚年时，曾在苏州购置千亩良田，并请有德行、有名望的人来经营，对范氏远祖的后代子孙义赠口粮，并储备钱粮资助穷人。为了确保范氏义庄在自己去世后也能稳定运作，范仲淹亲自制定了十三条规矩。例如：凡是范姓族人，每户按人口统计，五岁以上者，每人每天可分得义庄的白米一升，按月领取。如果领的是糙米，则需加量，一斗糙米折合八升白米。如果是范家的奴仆，家中有儿女的，做满十五年或者年龄达到五十岁，也可以如数领取白米，但每家只限一个名额。另外，家族中若有女儿出嫁，可从义庄支取三十贯钱，二婚再嫁的也可以支取二十贯；男子娶妻，一次性资助二十贯，再次娶妻不得领取。如果范氏族人遇到丧事，可以按去世者的年龄和辈分预先支取不同数额的钱款。范氏义庄还顾及范氏族人的姻亲、邻里，其中比较贫困的人家，或者遇到灾年陷入困境的，义庄也要根据情况拿出钱粮接济。

范仲淹去世后，他的次子范纯仁接管义庄，又增加了十几条规矩。其中规定，范氏族人不得租种义庄的田地，日后义庄扩展规模，也不得购买范氏族人的田产。在钱粮分配方面，规定更加细化，并增加了资助族人子弟上学、考试等事宜。

### 乐善好施，流芳百世。

范仲淹创办的范氏义庄，不仅加强了宗族内部的凝聚力，在社会发展上也迈出了历史性的一步。在儒家"大同"理念的影响下，范氏义庄在一定程度上实现了孟子"老吾老以及人之老，幼吾幼以及人之幼"的社会愿景，体现了范仲淹"先天下之忧而忧，后天下之乐而乐"的奉献精神，赢得了民众的广泛支持。因此，后世近千年间，尽管朝代更替，时局变化，范氏义庄始终没有受到太大的影响。在范氏族人的精心打理下，到清朝宣统年间，范氏义庄已经拥有田产约五千三百亩，直到二十世纪四十年代，范氏义庄才宣告解体。

## 顺逆卷二

**原文**

患死者痴，患生者智。

**译文**

为死亡而忧虑的人是愚蠢的，为生存而担忧的人则有智慧。

### 点评

生与死是自然界的铁律，无人能够规避。然而在生死面前，人们的态度却大相径庭。

哲学家斯宾诺莎说过："自由的人很少思考死亡，他的智慧是对生命的沉思。"智慧是自由的产物，只有当一个人摆脱了对死亡的恐惧，他才能真正地思考生命的意义。

生活是一场从生到死的旅程，目光若只聚焦于远方的终点，便会忽略了沿途的风景，这正是愚蠢的表现。相反，那些为生存而忧虑的人，他们深刻理解生命的脆弱与宝贵，珍惜每一刻的呼吸，努力活在当下，无悔于过去，无畏于未来。

# 庄子鼓盆而歌

### 庄子如何面对生离死别？

　　庄子是战国时期著名的哲学家、思想家，道家学派代表人物。庄子晚年丧妻，他的老朋友惠施听说了，就去他家看望。惠施看到庄子坐在棺材旁边，双腿箕张，一边拍着瓦盆一边唱歌，看起来一点儿也不难过。惠施看到这般情况，就问庄子："你们俩一起生活了这么多年，她为你生儿育女，操劳了一辈子。你就算不哭，也不至于鼓盆而歌吧！你不觉得这有点过分了吗？"庄子说："你误会了。我当然也会难过，但我不能总是被情绪控制，得冷静想想。我想起她还没出生的时候，那时候她连生命都不是。再往前，连灵魂都没有。后来阴阳二气一结合，她就成了一缕灵魂。再后来，灵魂有了身体，这才有了生命。生命经历了诸多苦难，最后迎来了死亡。我想到她的一生，就像春夏秋冬的季节变化一样。现在她要离开我们这个小家，去天地这个大家里安息了。如果我不高高兴兴地送别她，反而哭哭啼啼的，那就太不懂得生命的真谛了。这么一想，我也就没那么难过了，于是敲着盆，唱起歌来。"

### 顺应自然，且行且珍惜。

　　庄子面对生死，展现出了极高的超脱智慧。他深知生死乃自然规律，无法抗拒，亦无须抗拒。他选择顺应自然，接受现实，并在悲痛之后迅速调整心态，继续前行。这种超然物外的境界，使他在面对生死时能够保持冷静与理智，从而更好地活出自己的价值。

**精神永存，影响后世。**

庄子的生死观不仅让他自己得以从悲痛中解脱，更对后世产生了深远的影响。他的思想被后世道家学者所传承与发展，成为中国哲学中不可或缺的一部分。庄子鼓盆而歌的故事也启迪着后人：生者应珍惜当下，面对死亡时则应顺应自然，保持内心的宁静与超脱。

**原文**

安顺者庸,安逆者泰。

**译文**

安于顺境的人只能流于平庸,在逆境中也能安之若素的人才能享有真正的顺遂。

## 点评

逆境如同一面镜子,映照出我们的勇气与弱点。

面对困难,逃避或许能带来短暂的安宁,但勇敢面对却能让我们发现成长的契机。

王阳明曾言:"真知即所以为行,不行不足谓之知。"此言甚是,真知的目的在于指导行动,没有行动,就不能称作真知。就如追求顺境的人,他们面对困境往往缺乏行动的勇气和决心。而那些在逆境中敢于不断尝试的人,他们将每一次挫败视为成长的阶梯,从而积累了丰富的经验与智慧。

当我们学会在逆境中寻找希望,学会在困境中坚守信念,我们便能超越自我,达到更高的境界。唯有如此,才能战胜困难,走出逆境。

# 傅说版筑起家

**地位卑微，人生何以逆袭？**

傅说，商朝时期杰出政治家，奴隶出身，但他并未因身份卑贱而放弃自我。他勤奋好学，对于国家治理之事有着非凡的洞察力，被人们称作贤者。不幸的是，由于生活困苦，傅说最终选择卖身为苦役。他身着粗麻布衣，脚戴锁链，为了生计在傅岩筑城。在小乙统治时期，殷商国力已经衰弱。小乙的儿子武丁继位后，立志复兴殷商，但苦于缺乏贤能的辅佐。因此，他将国事交由冢宰处理，自己则潜心观察国家的风土人情。考察许久之后，武丁终于在筑城的苦役中发现了傅说。傅说虽然看上去与一般的奴隶没有什么不同，但是他的言谈举止与节操品德深深打动了武丁。武丁被傅说的才华所征服，破格任命傅说为大臣。傅说迅速地投入国家的治理之中，凭借其卓越的才能和无私的奉献，赢得了武丁的绝对信任以及民众的广泛爱戴。他实施了一系列促进国家发展和改善民生的政策，使商朝再次走向了繁荣和昌盛，史称"武丁中兴"。

**才华是金，坚贞如玉。**

傅说的故事启示我们：才华与坚韧是通往成功的重要因素。不论我们的出身或所处环境如何，只要我们具备真正的才华和不屈不挠的精神，就能够在逆境中奋起，在挑战中成长。

**逆境显真章，版筑成大业。**

傅说，一位出身卑微的奴隶，凭借其卓越的才华和不屈不挠的精神，最终崛起，成为商朝的一位杰出的政治家，为后世留下了宝贵的精神遗产。他的事迹鼓舞我们在逆境中要坚守信念与勇气，不懈地追求个人的梦想与目标。

**原文**

多予不亡,少施必殃。

**译文**

慷慨给予不会导致衰亡,吝于施舍则必然招致灾祸。

## 点评

慷慨与吝啬常常影响一个人的命运。

慷慨之人乐于分享,不求任何回报,因此在他们周围汇聚了众多朋友和支持者。他们的善行犹如种子,播撒在人们心田,最终结出丰硕的果实。他们的人际关系和谐而美满,事业因此蓬勃发展。

相反,吝啬之人只关注自身的利益,他们总是担忧失去,害怕付出,结果往往事与愿违。他们的冷漠与自私导致其在人际交往中频频受挫,朋友逐渐疏远,事业步履维艰。最终,他们可能陷入孤立无援的境地,悔恨不已。

# 孟尝君：礼贤下士，焚券市义

### 身居高位，如何处世安身？

孟尝君田文，战国四君子之一，养客数千人，以仁义扬名天下。他广纳贤士，将他们收为食客，热情款待，离别时还派人慰问其家人。因此，众多贤士投奔他，孟尝君府中一度门庭若市。冯谖闻讯，亦跋涉千里前来拜谒，并留在孟尝君府中做了一名食客。

一日，冯谖在孟尝君府中抱怨别的食客有鱼吃而自己没有，孟尝君听说后便赐给他鱼吃；后来，冯谖又抱怨别的食客出行有车而自己没有，孟尝君便赐给他一辆车；最后，冯谖又抱怨自己家境贫穷，虽然不必再担忧自己的衣食问题，但是没有多余的钱财奉养家中的老母，孟尝君见他有此孝心，便派人照顾他家中的老母。此后，冯谖再也没有半句怨言了。

不久后，孟尝君寻找能人代其去薛邑收债，冯谖主动请缨，并询问收完债后应买何物。孟尝君让他看府中缺少什么就随便买些什么。冯谖到达薛邑后，召集借贷者，宣布免除债务，并烧毁债券。冯谖回见孟尝君，说收来的钱都为孟尝君买了"仁义"。孟尝君不解其意，于是冯谖解释道："我看您府中珍宝堆积如山，衣食车马无缺，唯独缺少一点'仁义'。薛邑是您的封地，而您不体恤民情，还放贷牟利，实在是有损仁义。因此我焚毁债券，人们都很高兴，这就是我为您买的'仁义'。"

后来齐王听信谗言，收回了孟尝君的相印，孟尝君不得不离开国都，回到自己的封地薛邑。他行至离薛邑尚有百里之处，便发现百姓们早已扶老携幼、箪食壶浆相迎。孟尝君见此情形，不禁感慨道："先生为我买的'仁义'，我今日终于见到了啊！"没过多久，孟尝君的仁义之名便传遍天下，诸侯纷纷聘请孟尝君为相。齐王后悔万分，不惜重金向孟尝君谢罪，并将他重新召回朝中，礼遇更甚以往。

**广结善缘，未雨绸缪。**

孟尝君的故事告诉我们：在人生的道路上，难免会遇到意料之外的困难，这时那些曾受我们施予的人将成为帮助我们脱困的重要助力。平日里与人为善，关键时刻别人就会与己为善。慷慨地给予他人帮助和支持，不仅能够赢得他人的感激，更能在关键时刻为自己带来意想不到的转机。

**得道多助，化险为夷。**

正是因为孟尝君平日里广结善缘、慷慨给予，所以当遭遇诬陷时，他才能得到贤士的鼎力相助，以及百姓的拥戴，最终化险为夷。他的故事也提醒我们：在日常生活中要多做善事、多积功德，这样更能在未来的日子里收获更多的幸福和安宁。

**原文**

惠人惠己，天不佑凶也。

**译文**

善待他人，就等于善待自己，天道不会护佑那些凶恶的人。

## 点评

常言道："善有善报，恶有恶报。"

在日常生活中，我们经常发现：那些乐于助人、对他人充满善意的人，往往更容易赢得他人的尊重和帮助。这种积极的互动模式，在社会中形成了一种良性循环。

人们通过自己的善举，不仅帮助了他人，也为自己赢得了良好的人际关系和声誉。这种正面的反馈机制，使得人们在遇到困难时，也更容易得到他人的支持和帮助。

相反，那些以自我为中心、冷漠无情的人，虽然在短期内可能守住自己的利益，但从长远来看，他们最终会在社会中孤立无援，失去他人的信任和支持。即便他们依靠手段取得了成功，这种成功也是不稳定的，因为他们缺乏真正的朋友和盟友。

# 孙叔敖击杀两头蛇

### 孙叔敖何以成为循吏第一人？

　　孙叔敖，春秋时期楚国杰出的政治家，司马迁在《史记·循吏列传》中将他列为第一人。据传，他在少年时期，一次在山间游玩时，偶然发现了一条罕见的双头蛇。根据当地民间传说，目睹此蛇者注定难逃一死。孙叔敖深知双头蛇的恐怖之处，但他更担忧的是这条蛇可能对他人造成伤害。于是他下定决心：宁愿自己独自面对死亡，也不愿让其他人遭遇同样的命运。于是，他毅然搬起石头，击杀了那条双头蛇，并将其深埋于土中，以绝后患。

　　完成这一壮举后，孙叔敖怀着沉重的心情回到家中，默默为自己的命运感到哀伤。当母亲询问他悲伤的原因时，孙叔敖坦白道："我听闻，见到双头蛇的人必将死去，而我恰巧目睹了它，恐怕不久后将离你而去。"母亲追问双头蛇的下落，孙叔敖回答："我担心它会再次被人发现，便将其击杀并埋葬了。"母亲听后安慰他说："我听说，那些在暗中行善的人，上天会给予他们福报。你不会死的。"果不其然，孙叔敖平安长大成人，还担任了楚国令尹，赢得了国人的敬仰和信任。

### 勇于担当，推己及人。

　　孙叔敖的故事启示我们：在面对挑战和危险时，应当勇敢地承担责任，并且心怀大众，设身处地地为他人着想，而不是只顾自己的利益。同时，我们还应始终怀有一颗仁慈之心，尽我们所能去援助他人，因为善举最终会得到相应的回报。

**名扬四海,福泽后世。**

孙叔敖的事迹流传甚广,成为后人效仿的典范。他凭借自己的善举,获得了人们的敬仰。他不仅个人成就卓著,还为楚国的进步做出了不可磨灭的贡献。他的故事鼓舞人们要始终保持善良之心,承担责任,用自己的行动去温暖他人,回馈社会。

## 原文

顺由予生，逆自虐起。

## 译文

顺境往往因慷慨给予而产生，而逆境往往由暴虐无道所引发。

## 点评

当我们愿意无私地分享资源，贡献智慧和爱心时，温暖而积极的力量便会在社会中悄然萌生。这种力量不仅能够促使我们成长，更可以激发整个社会的活力与创造力，从而创造出无往不利的坦途。

反观逆境，则常常由暴虐的行为所引发。无论是对人的身心摧残，还是对资源的无度掠夺，都会破坏社会的平衡，导致人与人之间的信任与理解逐渐消失。在这样的环境中，人们往往感到无助与恐惧，社会的凝聚力与稳定性也会受到严重的威胁。

当然，逆境并非不可逆转，在面对逆境时，如果我们能够保持一颗慷慨与善良的心，那么我们终将驱散阴霾，拥抱阳光。

# 纣王的无道与商朝的覆灭

### 纣王何以尽失民心，而致商朝灭亡？

商朝末年，纣王即位后，逐渐沉迷于酒色，荒废朝政，对百姓的疾苦置若罔闻。他不仅大兴土木，建造奢华的宫殿和园林，还横征暴敛，加重百姓的赋税负担。更为严重的是，纣王性格残暴，对不服从自己的大臣和百姓施以酷刑，据说炮烙之刑便是纣王首创。

这些暴虐的行为激起了百姓的强烈不满与反抗。他们纷纷揭竿而起，投奔反商的诸侯，共同讨伐纣王。而此时的商朝军队，由于长期缺乏训练和补给，早已失去了战斗力，根本无法抵挡反抗军的攻势。

### 以民为本，勤政爱民。

如果纣王能在即位之初就意识到民心的重要性，施行以民为本、勤政爱民的政策，或许能够避免商朝的覆灭。他可以通过减轻百姓的赋税负担、改善民生福祉、加强军队训练、重视边防防御等措施来巩固自己的统治地位。同时，他还可以广开才路，吸引贤能之士为朝廷效力，共同治理国家。

### 商朝灭亡，周朝兴起。

纣王的暴虐无道，最终导致了商朝的灭亡。在反抗军的进攻下，商朝的都城朝歌被攻破，纣王落得个身死国灭的下场。随后，周武王姬发建立了周朝，开启了中国历史上的新篇章。

**原文**

君子不责小过，哀人失德焉。

**译文**

君子不会苛责他人的微小过错，而是为他人的道德沦丧感到悲哀。

## 点评

　　君子以德行为先，以宽容为怀。他们明白每个人都有其局限性，因此对他人微小的过错持宽容态度。责备不仅无助于纠正错误，反而可能加重对方的心理负担，导致更深层次的迷失。

　　因此，君子选择以慈悲之心，引导失德者回归正轨，并通过自己的实际行动树立榜样，身体力行去感化和影响周围的人，而不是仅仅依赖言语去指责和批评。

　　他们坚信，通过持续的努力和亲身实践，可以逐渐提升周围人的道德修养，使他们真正理解德行的重要性，并在日常生活中践行这些美德。

# 吕蒙正不记人过

**面对恶意讥讽，如何展现君子之风？**

北宋初期，吕蒙正凭借其卓越的才华和不懈的努力，从众多寒门士子中脱颖而出，跻身朝廷，最终成为一代名相。他初任参知政事时，无意中听到一位官吏在帘后轻蔑地评论："这小子竟然也爬到了这个位置！"吕蒙正听后，只是淡然一笑，装作没听见，继续前行。他的同僚们见状，怒不可遏，想要查出那个官吏的身份，但吕蒙正急忙劝阻，以防止事态升级。散朝后，同僚们仍然怒气未消，后悔没有深究。吕蒙正则安慰他们说："如果知道他的名字，可能会一辈子耿耿于怀，不如不知道。此外，不去追究他的名字，又有什么损失呢？"此番话一出，众人都对吕蒙正宽广的胸怀表示敬佩。

**以宽容化干戈，以德行树威望。**

吕蒙正并未因别人的无礼之言而恼羞成怒，或是采取报复手段。相反，他以一番宽容的话语制止了同僚的愤怒，这不仅彰显了他对小人之过的不屑一顾，更体现了他作为君子的宽广胸怀。他深知，责备与报复非但无益于解决问题，反而可能激化矛盾，损害自己的德行与威望。因此，他选择以宽容之心化解干戈，用自己的德行在朝堂上树立威望。

**德才兼备，名垂青史。**

吕蒙正以其宽厚正直的品格，对上级礼貌而直言不讳，对下属则宽容并保持风度，赢得了朝廷内外的普遍赞誉。他不仅在政治领域展现了卓越的才华和远见，还在道德层面树立了君子的典范。他的宽容与同情心，在官场中为他赢得了他人的尊重和信任，也为后世留下了宝贵的精神遗产。常言道："宰相肚里能撑船。"吕蒙正的故事，生动地诠释了这句话的真谛。

**原文**

小人不纳大言，恨己无势焉。

**译文**

小人不会采纳高明、善意的谏言，只会因自己没有足够的权势而心怀怨恨。

## 点评

人生的价值不仅仅体现在权势和地位上，更体现在一个人视野的开阔和胸怀的宽广上。

小人之所以拒绝接受道德言论，是因为他们内心充斥着对现状的不满和不甘。他们渴望通过权势和地位来证明自己的价值，却忽略了真正能够提升自我、实现价值的内在修养和素质。这种目光短浅的行为，最终只会使他们陷入更深的困境和迷茫之中。

而在智者心里，权势和地位不过是外在的浮华，唯有内心的充实和成长才是永恒的财富。他们愿意聆听那些能够启迪智慧、引领自己前行的教诲，不断提升自己的内在修养和素质。他们即便身处逆境，也能保持平和与坚韧，最终走向成功与辉煌。

# 庆父不死，鲁难未已

### 小人乱国，终将自我毁灭？

春秋时期，鲁国公子庆父凭借其智谋在政坛上长袖善舞，然而他的野心并未止步于已有的地位与权势。他渴望更多，甚至不惜以鲁国的社稷为代价来满足自己的私欲。庆父不仅专横跋扈，还拉拢了兄弟叔牙作为自己的党羽，共同密谋篡夺君位。更令人不齿的是，他竟然与自己的嫂子哀姜私通，伦理败坏。待到庄公病重时，庆父与叔牙合谋，自立为君，但遭到弟弟季友的坚决反对。季友以其忠诚和智慧，确保了庄公之子公子般的顺利继位。然而，庆父并未因此罢休，他勾结哀姜，策划并实施了暗杀公子般的阴谋。随后，他又立哀姜之妹叔姜之子启为闵公，但庆父的野心并未因此得到满足，反而愈发膨胀。

闵公二年（前660），庆父再次指使刺客卜齮杀害了闵公，企图自立为君。然而，他的暴行激起国人的愤怒和反抗。季友趁机带领庄公之子申逃至邾国，并发布文告声讨庆父的罪行，呼吁国人杀死庆父，拥立公子申。国人纷纷响应，庆父感到恐惧，逃往莒国。公子申继位，即鲁僖公。由于庆父的存在对鲁国构成严重威胁，僖公请求莒国将庆父移交鲁国。庆父自知回到鲁国不会有好下场，于是在返回途中自尽。

### 谦逊从政，以国为重。

如果庆父能在追求权势的过程中保持谦逊谨慎的态度，认真听取并接纳忠臣们的建议和忠告，他或许能够避免走上自我毁灭的道路。他应该明白，真正的权力来自民众的信任和国家的繁荣，而非个人的野心和私欲。然而，庆父选择了狂妄自大、拒听忠言的道路，最终导致了他的身败名裂和国家的动荡不安。

**身败名裂，遗臭万年。**

庆父的野心和暴行最终遭到了应有的惩罚。他的死不仅是对他个人罪行的清算，也是对整个鲁国政治生态的一次深刻反思。庆父的故事警示后人：必须保持谦逊谨慎的态度，以国家的利益为重。

## 原文

君子逆而不危,小人顺而弗远。

## 译文

君子即使身处逆境也不致陷入危亡,而小人即便顺遂一时也难以长久。

## 点评

面对不同的境遇,君子与小人的态度往往截然不同。

君子凭借其崇高的道德品质立身处世,在逆境中不改变初衷,坚守正道,因此即便遭遇狂风暴雨,也能泰然自若。

相反,小人常常被眼前的利益所迷惑,在顺境中得意忘形,丧失了警觉性,最终往往难以避免衰颓的结局。

君子之所以能在逆境中保持坚定,是因为他们内心的强大和对道德原则的坚持;而小人之所以不能长久保持顺境,是因为他们缺乏远见,缺少长远的规划和自我反省的能力。

# 韩愈：逆境中的儒学坚守

### 举国崇佛，韩愈为何坚守儒学？

唐代中期，佛教盛行。唐宪宗元和十四年（819），凤翔法门寺的佛塔被开启，宪宗皇帝计划将其中的佛骨舍利迎入宫中，供奉三日。消息迅速传播，社会上掀起一股迎佛的狂热浪潮。在这样的背景下，韩愈勇敢地站出来，成为反对佛教的斗士。他向皇帝上《论佛骨表》，力陈佛教对社会的负面影响，并主张将佛骨"投诸水火，永绝根本，断天下之疑，绝后代之惑"。韩愈的行动无疑是对当时崇佛风气的挑战。他的上书激怒了佛教信徒和一些权贵，导致他遭受了激烈的攻击和排斥。但韩愈并未因此退缩，反而更加坚定自己的信念。他以笔为剑，继续撰写文章，弘儒抑佛，为儒学的复兴贡献了不可忽视的力量。

### 坚贞不渝，英勇无畏。

韩愈所处的时代，佛学日盛，儒学日衰。韩愈为了复兴儒学，勇敢地站出来反对佛教的过度传播。韩愈的上书言辞恳切、逻辑严谨，深刻地揭示了佛教盛行背后的社会问题，以及儒学复兴的迫切性。虽然他的声音并没有得到皇帝和百姓的回应，但也激励了一批有志之士继续他的师古改革。

### 复归朝堂，树立典范。

韩愈的直言上书，毫无意外地触怒了皇帝以及朝中的权贵，于是韩愈被贬潮州。初到潮州，韩愈便听闻境内鳄鱼横行为患，于是又作《鳄鱼文》，以鳄鱼之害为引，暗讽祸国殃民的藩镇大帅、贪官污吏。韩愈的勤政恤民得到了上下一致的认可，没过几年便再度应召入朝，官至吏部侍郎。

  韩愈的坚贞与仁爱虽然未能立即扭转当时的社会风气，但他的努力却为儒学复兴奠定了坚实的基础。他的文章和思想影响了后世无数士人，成为儒学发展史上的重要里程碑。

## 原文

福祸不侵,心静可也。

## 译文

内心平静,就可以抵御福祸的侵扰。

## 点评

世间福祸无常,人们或喜或忧,其根源在于心境的差异。

若心如明镜,不为波澜所动,则能泰然自若;相反,若心浮气躁,便容易被外界的纷扰所困。

如果我们拥有一颗平静的心,则无论面对何种境遇,都能从容应对。正如范仲淹所说:"不以物喜,不以己悲。"

这需要我们在日常生活中不断修炼,学会在繁忙与压力当中找寻宁静,在挫折与困难面前保持坚韧。

最终,我们会发现,平静的心境不仅能让我们更好地应对生活中的各种挑战,还能让我们更加珍惜和享受生活中的每一个瞬间。因为当我们的心灵不再被外界的喧嚣左右时,我们才能真正聆听内心的声音,感受到生命的美好。

# 诸葛亮：淡泊明志，宁静致远

### 如何在困境中坚守志向？

在汉末群雄逐鹿的乱世中，诸葛亮致力于"汉室复兴"的伟大梦想，以其非凡的政治智慧和军事才能，辅佐刘备开创了蜀汉基业。面对曹魏的强大压力和内部的种种困难，诸葛亮五次北伐，虽未能最终实现统一，但其"鞠躬尽瘁，死而后已"的精神却成为后世传颂的佳话。同时，诸葛亮在家庭教育上也倾注了大量心血，通过家训传承自己的志向和智慧。

诸葛亮在《诫子书》中写道："夫君子之行，静以修身，俭以养德。非淡泊无以明志，非宁静无以致远。"这不仅是他对儿子的期望，也是对自己一生志向的总结。

### 淡泊名利，内心平静。

"非淡泊无以明志，非宁静无以致远。"这句话是诸葛亮一生践行的座右铭。在官场与战场的双重考验下，他始终保持清醒的头脑，不为权势所动，不为名利所惑。他以身作则，用自己的行动向世人展示了如何在纷扰世事中保持一颗平常心。

### 志向长存，精神永传。

诸葛亮的一生虽壮志未酬且充满挑战，但他为后世留下了宝贵的精神财富。他告诫后人：要修身养性，追求内在的精神富足而非外在的物质享受；要拥有一颗平常心，不被名利所累，不被困难所阻，坚定追求梦想。

> **原文**
>
> 苦乐不怨,非悟莫及矣。

> **译文**
>
> 面对生活的苦与乐,不要总是怨天尤人,没有悟透的人是达不到这种境界的。

### 点评

　　苦难宛如坚硬无比的磨石,不断磨砺着我们的意志,使我们变得坚韧不拔。它是严峻的考验,让我们在逆境中锻造出不屈的精神。

　　而快乐则如同生活中的调味品,为我们的内心世界增添丰富的色彩,滋养我们的心灵,让我们感受到生活的美好。

　　人生阴晴难定,我们应当学会在苦难中寻找希望,在欢乐时保持清醒,无论面对何种挑战和诱惑,我们都应以平常心待之,从容应对,勇往直前。

# 刘禹锡的豁达人生

**遭遇多次贬谪，如何保持文学热情？**

刘禹锡，唐代杰出的文学家、哲学家，其诗文以深邃的思想、豪放的风格和对生活的独特见解而闻名。然而，他的仕途却并非一帆风顺，他多次遭受贬谪，从繁华的京城到偏远的边疆，生活的落差与仕途的压力并未将他击垮，反而激发了他更为深沉的创作灵感和更加坚定的文学信念。

在每一次贬谪的途中，刘禹锡都不会沉浸在自怜自艾之中，而是将目光投向了广阔的自然与复杂的人性。他深入民间，与百姓同甘共苦，用细腻的笔触描绘出各地的风土人情，用深刻的思考剖析社会的种种现象。这些经历不仅丰富了他的人生阅历，更为他的文学创作提供了源源不断的素材和灵感。

**以文载道，以乐观塑魂。**

在贬谪之地，刘禹锡并未放弃对美好生活的追求和对理想的坚守。他寄情山水，以诗会友，用乐观的心态和豁达的胸襟化解了生活中的种种不如意。他的诗作中充满了对自然的热爱、对友情的珍视以及对生活的乐观态度。刘禹锡在逆境中创作的《陋室铭》一文，更是成为后世传颂的经典之作。文中"斯是陋室，惟吾德馨"一句，彰显了自己高洁的情操和安贫乐道的品质，成为表达个人品德与精神追求的千古名句。

刘禹锡在面对政治逆境和个人苦难时，选择了以文学创作作为自己精神的寄托和灵魂的栖息地。他用才情书写自己对生活的感悟和对理想的追求，用乐观的心态和豁达的胸襟感染着每一个读者。他的文学作品不仅展现了他卓越的文学才华和深刻的思想见解，更传递了一种积极向上、不畏艰难的人生态度。

### 文名不朽，精神永存。

刘禹锡的一生虽然历经坎坷，但他的文学作品和精神品质却如同璀璨的星辰般永载史册。他的诗作、散文以及哲学思考都成为后人学习文学、感悟人生的宝贵财富。更重要的是，他那种在逆境中仍能保持乐观坚韧的精神品质成了后人敬仰和学习的楷模。

## 尊卑卷三

**原文**

尊者人予也，失之则卑。

**译文**

一个人尊贵的地位，是他人赋予的；一旦失去他人的认可和支持，便会显得卑微。

**点评**

自古以来，那些无私奉献、慷慨给予的人，通常会赢得大众的敬仰。地位显赫之人，往往是因为他人的推崇而获得尊位的。

真正的荣誉并非通过争夺获得的，而是通过持续的给予和无私的奉献，自然而然地积累而成的。唯有这样的荣誉才实至名归，这是一种长期付出后的自然回报。

然而，一旦我们失去这种尊重与信赖，无论曾经多么辉煌，都将变得微不足道。因此，我们应当珍惜他人赋予的尊贵，不断地自我反省，保持谦逊与敬畏之心。同时，我们也应意识到，尊贵并非永恒不变的，它需要我们持续地努力与付出。

# 武则天的称帝与退位

### 一代女皇，为何从巅峰滑落？

　　武则天，中国历史上唯一的女皇帝，她的一生充满了传奇色彩。她从一个普通的后宫女子，凭借自己的智慧、勇气和手腕，逐步登上政治舞台，最终成为皇帝。在这个过程中，即使她的政治才能和领导能力再强，若无他人的支持，也无法登上权力的巅峰。

　　然而，武则天的尊贵地位并非一成不变的。随着她年龄的增长和政局的变迁，她开始面临越来越多的挑战。武则天在统治后期，为了巩固自己的权力，采取了多种极端手段，包括任用酷吏、清除异己等。其中，最为人所诟病的是她重用酷吏来俊臣、周兴等人，这些人以残酷的手段迫害政敌，制造了大量冤假错案，导致朝野上下人心惶惶，引起了朝中极大的不满。

　　此外，武则天深知世事无常，自己的时代终有一天会落幕，随之而来的必是朝野上下对自己的清算。在日复一日的忧虑中，她个人的性格弱点也逐渐暴露出来，如猜忌多疑、残酷无情等，并且她开始笃信佛道之说，这些都让她逐渐失去了他人的尊重与支持。与此同时，武则天的宠臣张易之和张昌宗利用武则天年迈之机，几乎把控了朝政，不仅陷害忠臣，还把魔爪伸向了皇太子李显，使李姓宗族的地位岌岌可危。

　　对于这一切，宰相张柬之感到十分担忧，作为李唐皇室的拥护者，他不愿意看到乌云遮挡住太阳。于是在神龙元年（705），张柬之联合崔玄晖等大臣发动了神龙政变。这次政变之所以能够成功，除了因为张柬之等人的精心策划和勇敢行动外，更重要的是因为武则天已经失去了大部分朝臣和百姓的支持。在政变过程中，张易之、张昌宗兄弟被杀，武则天被迫退位，中宗李显被拥护复位。

### 持续修身，顺应民心。

武则天的经历告诉我们：要保持尊贵地位，不仅需要具备非凡的才能和领导能力，更需要关注民生疾苦，积极为百姓谋福利；善于倾听他人的意见和建议，不断改进自己的决策和行动。只有这样，才能赢得他人长久的尊重与支持。

### 巅峰易逝，民心难得。

武则天的一生虽然辉煌但也充满了波折。她从一个普通女子成为一代女皇的传奇经历令人赞叹，但她在晚年所遭遇的困境和挫折也让人唏嘘不已。武则天退位后，虽然还保留着一定的权力和地位，但在人们心中的尊贵形象已经大打折扣。

**原文**

卑者自强也，恃之则尊。

**译文**

地位卑微的人要自强不息，靠这一点才能赢得他人的支持，从而获得尊崇的地位。

## 点评

《周易》有云："天行健，君子以自强不息。"自强不息是一种永恒的力量，它激励着每一个生命在逆境中奋起，在平凡中创造非凡。

即便卑微到尘埃里，却也潜藏着无限的可能，只要能够自强不息，终将冲破束缚，绽放出属于自己的光彩。正如那破土而出的嫩芽，虽然在风雨中摇曳，却依然顽强地向上生长，最终成为参天大树。

# 孙敬悬梁苦读

### 卑微学子,如何成就非凡?

孙敬,汉朝著名政治家、纵横家,他出身贫寒,自幼酷爱学习,视书如生命般紧要。每天晚上,他都要沉浸于书海,通宵达旦。因此,邻居们都亲切地称他为"闭户先生"。长时间的专注有时使他不自觉地打起瞌睡,醒来后,他总是感到懊悔。某日,他在沉思时,目光无意间落在了房梁上,灵光一闪。他随即取来一根绳索,一端系在房梁上,另一端则绑在自己的头发上。这样,每当他感到疲倦而昏昏欲睡时,只要稍微低头,绳索就会拉扯他的头发,疼痛感使他立刻清醒,从而驱散了睡意。自那以后,孙敬每晚读书都采用这种方法,勤奋不懈。

### 勤学苦读,自强不息。

面对生活的艰辛和学习的困难,孙敬深知,只有通过不懈的努力,拥有坚定的信念,才能改变自己的命运。因此,他日复一日、年复一年地坚持悬梁苦读,不断积累知识,提升自我。

### 学富五车,青史留名。

经过长年累月的刻苦学习,孙敬终于成为一位通晓古今的大学者,得到了朝廷的赏识和重用,跻身名臣之列。东汉班固所编《汉书》中记载:"孙敬字文宝,好学,晨夕不休,及至眠睡疲寝,以绳系头,悬屋梁。后为当世大儒。"

**原文**

以金市爵，得而不祥。

**译文**

用金钱买取官职爵位，即便得到了也未必是好事。

## 点评

古代吏治最大的问题便是官场腐败。

买卖官爵这种行为，不仅破坏了社会的公平与正义，更在无形中腐蚀了官员的品德与国家的根基。金钱与权力的勾结，往往导致道德的沦丧与社会的动荡。

正所谓"德不配位，必有灾殃"。通过不正当手段获得的权位，终究难以长久，且会引来灾祸。

真正的尊贵与荣耀，应当是基于个人的品德、能力与贡献的，而非金钱的堆砌。

一个健康的社会，应当鼓励人们通过正当途径努力提升自我，而非沉迷于金钱与权势的交换之中。只有这样，才能确保社会的公平与正义，维护国家的长治久安。

# 晚清时期的官场乱象

### 买卖官爵何以加速清朝灭亡？

晚清时期，国家内忧外患，财政拮据，而官场上的腐败之风却愈演愈烈。为了填补财政空缺，清政府竟默许甚至纵容官员通过买卖官爵来筹集资金。一时间，官场上下，贿赂公行，风气败坏。那些愿意出高价购买爵位的人，往往并非出于对国家和人民的忠诚与热爱，而是为了个人的私利与权势。他们之中，不乏无能之辈，却凭借金钱的力量，占据了重要的官职，掌握了实权。这些人上任后，非但不能为国家和人民做出贡献，反而利用职权中饱私囊，加剧了社会的不公与动荡。

同时，买卖官爵的风气也严重破坏了清政府的统治基础。官员们的忠诚度与责任感荡然无存，他们只关心自己的利益与地位，对国家的命运与人民的疾苦漠不关心。这样的官场生态，自然无法支撑起一个强大的国家。

### 从源头治理，整顿官场风气。

要防止买卖官爵等腐败现象的发生，必须从源头上进行治理。首先，要坚决打击买卖官爵等违法行为，对涉案人员进行严惩；其次，要完善官员选拔机制，确保选拔过程公开、透明、公正；最后，要加强对官员的监督与考核，确保他们能够始终保持廉洁奉公的精神状态。

**官场腐败，国势日衰。**

晚清时期的官场乱象不仅加速了国家的衰败进程，也给后人留下了深刻的教训。它告诫我们：只有坚持公正、廉洁，才能确保国家的长治久安。

## 原文

以势迫人，威而有虞。

## 译文

以权势去逼迫他人，虽能暂时彰显威严，但其中却隐藏着祸患。

## 点评

通常，那些大权在握的人，会习惯性地迫使他人接受某些事情。虽然这种做法在短期内让他们显得威风凛凛，事情也能够顺利进行，但实际上，这种行为背后隐藏着巨大的危机。

权力就像一团火，如果使用得当，它可以为人们带来温暖和光明；如果滥用权力，它则会焚烧一切。

权威并非源自外在的强制力量，而是根植于人们内心的敬重与真诚的认同。唯有一个人赢得他人的尊重与信任，他才能真正地拥有持久而坚固的权威。

# 汉武帝的穷兵黩武

**雄如汉武，何致晚年朝局动荡？**

汉武帝，作为西汉的一代雄主，其文治武功皆有显著成就。他在位时大力发展军事，使汉朝实力显著超越周边国家。例如，曾经长期压制中原王朝的匈奴，其势力被削弱至"匈奴远遁，而幕南无王庭"的境地。然而，盛极必衰，正是由于汉武帝对军事的过度依赖和穷兵黩武的政策，尽管西汉的武力达到了空前的强盛，经济却逐渐衰退。持续三十余年的对外战争虽然塑造了"强汉"的形象，但频繁的军事行动消耗了巨额资金，并征用了大量的人力资源，给国家带来了沉重的经济负担。

汉武帝在推行军事政策时，往往以权势压人，忽视了大臣和百姓的意见与利益。他强征赋税，加重了百姓负担，导致民不聊生，怨声载道。同时，由于战争连绵不断，军队伤亡惨重，将士们对朝廷的怨愤也日益加深。在这种背景下，朝局开始动荡不安。一些大臣开始质疑汉武帝的决策，纷纷上书进谏，但往往遭到打压或排斥。到汉武帝末期，商业彻底崩溃，农业凋零，百姓更是苦不堪言，因而天下流民激增，纷纷揭竿而起，反抗朝廷暴政，各地叛乱迭起。汉武帝晚年是西汉农民起义最多的时期，远超汉末。

**以民为本，和平发展。**

汉武帝自恃强大，不顾民生疾苦，滥用权力，最终导致了国家的动荡与衰败。为了避免汉武帝的悲剧重演，领导者应当坚持以民为本的执政理念，注重民生福祉和社会稳定。在决策时应当充分考虑百姓的利益和意愿，避免盲目追求个人功绩或国家扩张。

尊卑卷三

**国运渐衰，唯留历史教训。**

汉武帝的穷兵黩武，最终导致了朝局的动荡和国力的衰退。这一历史教训告诉我们：以势迫人、滥用权力者必将自食其果。

**原文**

金不可滥，权不可纵，极则易也。

**译文**

金钱不能滥用，权力不能放纵，一旦发展到极端，就会引发变故。

## 点评

　　金钱与权力，这两种力量极具诱惑力，既能助人成就辉煌，亦能导致毁灭。

　　滥用金钱可能让人迷失方向，深陷欲望的泥沼；而放纵权力，则容易滋生腐败，损害社会的公平与正义。

　　因此，树立正确的金钱观和权力观至关重要，必须节制、感恩，并将之用于正当之道。

　　在追求金钱和权力的过程中，也应保持谦逊与谨慎，避免过度追求而招致不良后果。

尊卑卷三

# 慈禧太后的穷奢极欲

### 慈禧统治下,清朝为何日渐衰落?

慈禧太后,作为晚清时期的实际统治者,掌握了极大的权力,却未能有效运用这些权力来振兴国家,反而加速了清朝的衰落。她的膳食、服饰、出行等各个方面都追求极致的奢华,更不惜花费巨资修建颐和园等豪华园林,以供自己享乐,大大加重了国家的财政负担。同时,慈禧太后在政治上也是一手遮天,排斥异己,重用亲信,导致朝政腐败不堪,官员贪污成风。

慈禧太后的奢华无度和专势擅朝,使清朝的政治生态恶化,社会矛盾加剧。人民生活在水深火热之中,对清朝的统治失去了信心。在外部势力的侵略下,清朝更是难以招架,最终走向了灭亡。

### 节俭治国,分权制衡。

如果慈禧太后能够节俭治国,减少不必要的奢华开支,将资金用于国家发展和民生改善上,或许能够赢得人民的拥护和支持。同时,她也应该顺应时代,实行分权制衡的政治制度,防止权力过于集中而导致的腐败和专横。否则,国家只会在穷奢极欲的风气中走向灭亡。

### 国破家亡,遗臭万年。

慈禧的所作所为不仅加速了清朝的衰落和灭亡,也让她自己沦为历史罪人。她的故事告诉我们:对金钱与权力的过度追求和放纵只会带来灾难和毁灭。我们应该保持清醒的头脑和正确的价值观。

**原文**

贫者勿轻，其忠贵也。

**译文**

不要轻视贫穷的人，他们的忠诚品质尤为宝贵。

## 点评

孟子曾言："贫贱不能移。"此言确实不假。

在社会的各个层面，总有一些人，尽管出身寒微，却依然坚持追求理想，坚守信念。这些在物质上贫困的人，没有华美的服饰，没有显赫的背景，但他们内心的忠诚与坚韧的品质，却是无价之宝。

贫困的人往往更能深刻感受到生活的艰难与不易，因此他们更加珍惜每一次机会，更加懂得感恩与回馈。

他们的忠诚，是在逆境中锻造的，是在艰难困苦中依然坚守的。这种忠诚，就像未经雕琢的玉石一样质朴无华，却蕴含着无穷的力量和价值。

# 到彦之：从挑粪少年到忠诚名将

### 挑粪少年，何以成为一代名将？

到彦之，南朝宋时期的杰出将领，出身贫寒，早年以挑粪为生。然而，正是这样一个微不足道的少年，却成长为功勋卓著的大将。

### 贫寒磨砺意志，忠诚铸造丰碑。

尽管面临困境，少年时期的到彦之并未沉溺于自怜，反而更加勤奋学习，立志为国效力。隆安三年（399），他投奔了同样出身贫寒却已开始崭露头角的刘裕。相似的出身背景让他们彼此惺惺相惜，到彦之成为刘裕麾下的一员勇将，共同经历了无数生死考验。在刘裕的领导下，到彦之积极参与了平定五斗米道的孙恩起义、桓玄之乱等重大战役，屡次立下奇功。他的军事才能和忠诚品质逐渐受到认可，从镇军行参军一路晋升至广武将军。随着刘裕建立南朝宋，到彦之的忠诚与才能也得到了更广阔的施展平台。他镇守荆州，稳定后方，成为刘裕的得力助手。然而，权力斗争永无止境，到彦之也多次被卷入政治旋涡，但他始终坚守忠诚，在与权臣徐羡之、谢晦等人的斗争中，他更是表现出色，最终帮助刘义隆清除异己，巩固了皇位。

元嘉七年（430），到彦之以主将身份领兵北伐，收复了洛阳、滑台等地。尽管最终因天气、粮草等问题，北伐失利，但他的战略眼光和坚韧不拔的精神，仍被视为南朝宋军事史上的佳话。北伐失利后，到彦之并未因此消沉，反而更加谦逊自省。元嘉八年（431），他再次被起用为护军将军，次年，他推辞了恢复封地的恩赐。元嘉十年（433），到彦之病逝，刘义隆念其忠诚与苦劳，将其追谥为"忠公"。

**功成名就，美名永传。**

到彦之的一生充满波折，他以卓越的军事才能和忠诚的品质赢得了后世的敬仰。他的成功不仅是个人的荣耀，更是对后人的激励和鞭策，也是对忠诚与勤奋精神最好的诠释。到彦之的成功经历启示我们：无论出身如何，只要保持对生活的热爱和对未来的希望，勤奋学习，坚守忠诚与信仰，就能在逆境中崛起，实现自己的人生价值。

**原文**

贱者莫弃，其义厚也。

**译文**

不要嫌弃地位卑贱的人，他们的义气何其深重。

## 点评

无论在顺境或逆境中，我们都要以情义为重，这是成大事者必不可少的品质。

然而，当我们以傲慢的眼光审视周围时，往往忽略了平凡中蕴藏的美好。

比如：一个默默无闻的朋友，可能在关键时刻给予我们最有力的支持；一本看似普通的书，可能包含着能改变我们命运的智慧；一次失败的尝试，可能教会我们坚持与成长……

因此，以平等的视角看待一切，不轻易忽视任何看似不起眼的人、事、物，是我们应当追求的智慧与修养。

# 薛仁贵与王茂生的义气之交

### 飞黄腾达后，如何对待贫贱旧友？

王茂生，唐贞观年间人，是薛仁贵未得志时的同乡好友。在薛仁贵困顿之时，王茂生常常伸出援手，给予他物质上的接济和精神上的支持。这份深厚的友情，在薛仁贵心中留下了不可磨灭的印记。太宗时，薛仁贵应募从军攻高丽，凭借卓越的军事才能和英勇的战斗精神，升右领军中郎将。一时间，薛仁贵声名显赫，前来送礼祝贺的文武大臣络绎不绝。薛仁贵婉言谢绝了所有的重礼，唯独收下了王茂生送来的"美酒两坛"。然而，当执事官打开酒坛时，却发现里面装的并非美酒，而是清水。面对这一尴尬场景，众人皆感惊讶，认为王茂生是在戏弄薛仁贵。然而，薛仁贵却不这么认为。

### 珍视友情，不忘初心。

对于昔日好友送来的"美酒"，薛仁贵非但没有生气，反而命人取来大碗，当众一饮而尽。饮毕，薛仁贵深情地说："我薛仁贵昔日落难之时，全仗好兄弟王茂生慷慨相助，才得以渡过难关。今日我虽加官晋爵，但心中始终铭记好兄弟王茂生的恩情。这清水虽淡，却代表了他的一片真心和深厚的情谊。这就叫君子之交淡如水，是我最为珍视的礼物。"

### 友情永存，佳话传世。

薛仁贵以他的谦逊感恩和重情重义赢得了世人的尊敬和赞誉，他与王茂生的君子之交更是后世传颂的佳话。薛仁贵与王茂生的故事告诉我们：真正的友情不应因地位、财富等外在因素的变化而变质。我们应该像薛仁贵一样,始终珍惜那些在自己困难时期给予我们帮助和支持的人,不忘初心,珍视和坚守诚挚的情谊。

**原文**

忠予明主，义施君子，必有报焉。

**译文**

忠诚献给明君，道义给予君子，必将迎来相应的回报。

## 点评

　　忠诚和道义是人际交往的两条重要基本原则，对个人品德和社会和谐有着积极的影响，是世间极为珍贵的品质，但它们的价值是否能够体现，更在于所选择的对象。

　　盲目地付出忠诚与道义，虽然能暂时赢得赞誉，但从长远来看，只有将它们献给真正值得的人，我们才能获得真正的回报。

　　明智的君主会珍视并善用忠诚，而品德高尚的君子则会以同样的道义相报。

# 诸葛亮辅佐刘备

### 诸葛亮为何选择刘备，助其成就霸业？

东汉末年，天下大乱，群雄并起。诸葛亮隐居隆中，以其超凡的才智和深邃的洞察力，成为各方势力争相招揽的对象。然而，诸葛亮并未轻易投身其中，而是深思熟虑后，选择了当时势力弱小但心怀天下的刘备。

### 忠诚献予明君。

刘备虽创业艰难，但始终以仁德著称，深受百姓爱戴。他对人才的渴望与尊重，以及对天下苍生的关怀，深深打动了诸葛亮。诸葛亮认为，刘备正是那位值得自己奉献忠诚与智慧的明主。

### 君臣相得，共创辉煌。

诸葛亮毅然出山，辅佐刘备。他运筹帷幄之中，决胜千里之外，为刘备制定了"联吴抗曹"的战略方针，并亲自率军南征北战，屡建奇功。在他的辅佐下，刘备的势力逐渐壮大，最终建立了蜀汉政权，与曹魏、东吴三分天下。

刘备与诸葛亮的君臣之情，成为历史上的一段佳话。他们相互信任、相互支持，共同创造了蜀汉的辉煌。诸葛亮之所以能在历史上留下浓墨重彩的一笔，不仅是因为他拥有超凡的才能与智慧，更是因为他将忠诚与智慧毫无保留地献给了刘备这位贤明的君主，从而赢得了刘备的信赖与重用，也为自己赢得了后世的敬仰。

## 原文

誉非予莫取，取之非誉也。

## 译文

好的名誉不是被赋予的就不要强取，强取而来的并不是真正的名誉。

## 点评

世人热衷于追求好的名誉，然而名誉并非唾手可得，更不能通过自我标榜实现。它根植于他人的认同，是品行与能力长期积累的结果。

名誉更不是外在的标签或符号，而是内在价值的外化。它不取决于我们如何获得，而在于我们为何而获得。

过分追求名誉，甚至不择手段去索取时，通常只能得到短暂的虚名，只有当我们以高尚的品德、卓越的才能和无私的奉献去赢得他人的信赖与赞赏时，名誉才会自然而然地降临到我们身上。

当我们为了争名而争名，为了逐利而逐利时，所得到的只会是空洞与虚无。相反，当我们以真诚、善良和正直去行事，即便不能声名显赫，也能赢得内心的平静与满足。

# 尹嘉铨的请谥悲剧

### 尹嘉铨为何晚景凄凉？

尹嘉铨，清代著名学者，曾任刑部主事、大理寺正卿等职，为官清廉，学术造诣深厚。他致力于儒家经典的研究与推广，尤其是对朱熹《小学》的阐释与发扬，深得乾隆皇帝的赞赏。然而，晚年的尹嘉铨却因贪求虚名，走上了不归路。

乾隆四十六年（1781），乾隆皇帝巡幸保定，已退休在家的尹嘉铨出于对父亲的深厚感情，希望通过为父请谥及从祀孔庙来彰显父德，光耀门楣。然而，他忽视了请谥的严肃性与国家典制的规定，贸然上奏，结果遭到了乾隆皇帝的严厉批评。乾隆皇帝明确指出，谥号乃国家定典，不可妄求，并警告尹嘉铨要安分守己。

然而，尹嘉铨并未领会乾隆皇帝的用意，反而追加奏章，坚持请谥，最终触怒了乾隆皇帝。乾隆皇帝怒斥其"大肆狂吠"，下令除去其顶戴，锁交刑部审讯，结果从其著述中牵连出"文字狱"，尹嘉铨被定为死罪，家产被抄，著述被毁，其撰写的碑文被磨，晚节不保。

### 以谦逊为本，切勿贪慕虚名。

尹嘉铨是当时颇有名望的道学家，他渴望通过自己的才学和影响力来获得更高的地位和权力，却忽视了政治斗争的残酷性和复杂性。如果尹嘉铨能够更加审慎地对待自己的欲望，他或许会继续潜心研究学问，以学术成就来满足自己的精神追求，而不是在虚名的诱惑中越陷越深。他的著作或许会更加丰富，他的思想或许会更加深远，而他的名字或许会以另一种方式被后人铭记。

**晚节不保，遗恨终生。**

　　尹嘉铨为父请谥，不仅让他失去了晚年的安宁与尊严，更让他一生的学术成就与为官清廉的形象蒙上了阴影。尹嘉铨的故事警示我们：在追求名誉的过程中，必须保持谦逊与理智，应该清醒地认识到，当个人的真实贡献与高尚品德积累到一定程度时，自然而然可以获得名誉。

## 原文

功不争乃获,获之则功也。

## 译文

功业是在不与人争、默默奉献后自然获得的,这样获取的才是真正的功业。

### 点评

现代社会强调竞争,无论是企业间的竞争,还是个人间的竞争,都在强调"争"的重要性。

"天之道,不争而善胜。""夫唯不争,故天下莫能与之争。"这些出自《道德经》中的话语引人深思,它们崇尚"不争",但又点明了制胜的关键。

老子所说的"不争",并非消极地放任自流,而是不执着于短暂的胜负,专注于长期的积累与成长。

正如水的德行,智者在众人厌弃的地方勤勉耕耘,用汗水与智慧培育成功的种子。当机遇到来时,他们便能自然而然地收获成果,这便是"不争之争"的智慧所在。

争与不争,实为道的两面,如同阴阳、昼夜的转换。当一方面得到满足后,自然会转化为另一方面,这便是阴阳变化、祸福相倚的法则,世间万物皆遵循此道。

因此,若想在竞争中取胜,必须先学会"不争"。

# 张之洞的"善争"与"不争"

**如何在激烈的竞争中保持自我?**

晚清重臣张之洞,自幼才华横溢,科举考试中虽名列探花,但并未因此满足。他内心怀揣着"平生不做第二人选"的壮志,这种强烈的竞争意识驱使他不断追求卓越,成为洋务运动的中坚力量。他兴办实业、改革教育、推动军事现代化,一系列举措展现了他自强不息、不甘落后的精神风貌。

然而,张之洞深知,仅有善争之心尚不足以保证事业的成功与人生的圆满。因此,他提出了"三不争"的原则:一不与俗人争利,保持清廉本色;二不与文士争名,专注于实际贡献;三不与无谓争闲气,保持内心的平和与宁静。这"三不争",成为他人生哲学的重要组成部分,使他能够在纷繁复杂的官场中保持清醒的头脑和高尚的品德。

**不争而争,张弛有度。**

张之洞的成功之道,在于他能够巧妙地平衡善争与不争之间的关系。在事业上,他勇于竞争、敢于创新;在品德上,他保持谦逊、淡泊名利。他用自己的实际行动证明:真正的强者不仅要有敢于挑战的勇气和决心,更要有不为世俗所累、坚守内心信念的定力和智慧。

**名垂青史,风范长存。**

张之洞的一生,是善争与不争交织的一生。他的善争,让他在历史的长河中留下了深刻的印记;他的不争,则让他的人格魅力得到了升华和传承。他的名字与洋务运动紧密相连,成为后世学习和敬仰的楷模。他的故事告诉我们:在人生的旅途中,只有善于把握争与不争的尺度,才能在激烈的竞争中脱颖而出,同时保持内心的纯净与高尚。

**原文**

物有异也,理自通焉。

**译文**

世间万物虽然表现各异,但其内在的道理却是相通的。

## 点评

《道德经》有云:"万物之始,大道至简,衍化至繁。"天地之间,万物纷纭,无论是浩瀚宇宙中的星辰运行,还是微观世界中的粒子碰撞,都遵循着既定的法则与逻辑。

同样,面对生活中的各种挑战与困境,我们应当认识到,尽管问题的表现形式和解决方法各异,它们背后的原理和逻辑却往往可以相互借鉴和学习。

在医学领域,尽管不同疾病的治疗手段千差万别,其核心理念却往往相通;在文艺领域,无论是绘画、音乐、舞蹈,还是文学创作,尽管各种艺术形式的表现手法不尽相同,它们都致力于情感的表达和审美的共鸣;在企业管理中,尽管不同公司和行业面临的问题和挑战各不相同,其管理的核心理念却往往相通……

因此,无论我们处于何种领域,都应学会透过现象看本质,把握其中的普遍性和规律。

# 庖丁解牛与庄子的哲思

### 庖丁解牛的故事蕴含着怎样的道理？

战国时期，庄子曾目睹庖丁为文惠君宰牛的场景。庖丁全神贯注，聚集全身力量，挥动牛刀，动作流畅，轻盈而灵活。他将刀锋刺入牛身，皮肉与筋骨分离的声音与他挥刀的动作相得益彰，和谐而美妙，令人陶醉。这个场景仿佛随着商汤时期的乐曲《桑林》起舞，而解牛时发出的声响与尧时代的《经首》乐章完美契合，令人赞叹不已。文惠君站在一旁，看得入迷。他不禁高声赞叹："啊，真是令人钦佩！你宰牛的技艺为何如此精湛？"庖丁放下手中的屠刀，向文惠君解释道："我追求的是对事物规律的深刻理解。初学宰牛时，我只见牛之庞大，却不懂其内在的结构。然而经过三年的不断实践，我对牛的构造了如指掌。如今，我宰牛时，全凭心灵去感应牛的存在，无须再用眼睛去观察。这把刀跟随我已有十九年，我用它宰杀的牛不计其数，但刀锋依旧锋利如新。"

### 顺应自然，心手相应。

庖丁解牛的故事，体现了庄子顺应自然的哲学思想。庖丁在解牛时，并非仅凭肉眼观察牛的骨骼结构，而是经过长期实践，做到心手相应，顺应牛的身体结构进行切割。同样的道理，我们所谓"智慧"并非足智多谋，而是契于大道、合乎常理。只有加深对自身以及整个世界的理解，才能达到这样的境界。

### 技艺超群，道行深远。

庖丁因其精湛的解牛技艺而名扬四海，但他所追求的并非仅仅是技艺的精湛与名声的显赫。他更希望通过自己的实践，来揭示做人做事都要顺应自然规律的道理。道家哲学强调，人应当顺应自然的规律与节奏生活，以达到身心的和谐与平衡。

**原文**

命有别也,情自同焉。

**译文**

人的命运虽有千差万别,但情感往往是共通的。

**点评**

人各不同,有的富贵显赫,有的贫寒困苦;有的一生坦途,有的饱经风霜。但我们都有喜怒哀乐的情感,能够感受他人的痛苦与快乐,并以宽容的心态接受世界的多样性。

情感是人性中最宝贵的财富,它在我们孤独时提供慰藉,在我们绝望时点燃希望之光。

无论是亲情、友情还是爱情,这些情感的力量都能超越时空的界限,深深地刻印在我们的心灵之中。

当我们全心全意地去体验和珍视这些情感时,我们会深刻地感受到,尽管命运多舛,我们的心灵始终紧密相连、相互支持。

# 高山流水觅知音

**大夫与樵夫，何以成知音？**

楚人伯牙，春秋战国时期晋国的上大夫，既是琴艺高超的演奏家，也是才华横溢的作曲家，因此被尊称为"琴仙"。然而，能真正理解其音乐意境的人却寥若晨星。一天，伯牙乘官船抵达汉阳，面对浩瀚的汉江，他思绪万千，弹奏起来。正当曲意渐入佳境时，一位山野樵夫悄然而至，静坐倾听，来人正是钟子期。尽管他出身寒微，学识浅薄，却以一颗纯净的心灵，领悟了伯牙琴声中所蕴含的山之雄浑与水之细腻。伯牙惊为天人，两人因音乐结下不解之缘，相互许为知音。然而，好景不长，钟子期因病辞世，伯牙悲痛欲绝，前往子期的坟前，以琴声表达哀思。可惜知音已逝，没了子期的倾听，伯牙的琴声将永远失去灵魂。想到这里，伯牙将琴狠狠摔在地上，琴被摔得粉碎，伯牙也完成了对知音的最后告别。这不仅是伯牙对子期的深切怀念，更是对知音难遇的无奈感叹。

**知音难觅，珍惜相遇。**

伯牙与钟子期，尽管身份、地位悬殊，命运也迥异，但他们因音乐结为了知音。他们的故事启示我们：知音难遇，但一旦相遇，便应倍加珍惜。在人生的旅途中，能够遇到理解自己、与自己心灵相通的人，是一种极大的幸运。

**不朽传奇，佳话永传。**

　　伯牙与钟子期的故事被后人传为佳话，成为中华文化中一段不朽的传奇。伯牙摔琴，更是对知音最深切的歌颂和怀念。我们应像伯牙一样，用心去感受、去珍惜彼此之间难得的缘分。

## 原文

悦可悦人，哀可哀人，休戚堪予也。

## 译文

个人的快乐能够感染他人，与人共享喜悦；个人的哀伤也能触动他人，令人感同身受。无论是喜悦还是悲伤，都是可以传递给他人的。

## 点评

在人生的旅途中，我们不仅是独立的个体，更是彼此的情感伙伴。

快乐如同温暖的阳光，能够照亮他人的心灵，带来无尽的愉悦；悲伤却如同阴霾，笼罩着我们的心灵。

有时，我们还可能会感到孤独和无助，仿佛被世界遗忘。在这种时刻，我们需要彼此的支持和鼓励。朋友的一句问候、家人的一个拥抱，都能让我们重新找到前进的动力。

此外，艺术也是我们情感共鸣的重要源泉。音乐、绘画、电影等艺术形式，能够触动我们内心最柔软的部分，让我们在欣赏中感受到情感的共鸣。无论是欢快的旋律还是悲伤的曲调，都能在我们心中激起涟漪，让我们在情感的海洋中遨游。

# 《春望》的国破家亡之痛

### 杜甫《春望》一诗，为何如此触动人心？

"诗圣"杜甫，唐代伟大的现实主义诗人，其诗歌多反映社会现实与人民疾苦。在安史之乱期间，杜甫目睹了国家的动荡与人民的苦难，心中充满了无尽的哀伤与忧虑。他的《春望》一诗，便是在这样的背景下创作而成的。诗中，杜甫以"国破山河在，城春草木深"开篇，直接描绘了战乱后的凄凉景象，表达了对国家命运的深切关怀与哀伤。随后，"感时花溅泪，恨别鸟惊心"等句，更是将个人的哀伤与国家的命运紧密相连。

### 以情动人，以史为鉴。

杜甫的哀伤不仅源于对国家命运的忧虑，更源于对人民疾苦的同情与关怀。他的诗歌中充满了对战争的控诉与对和平的渴望，这种情感跨越了时空的界限，触动了无数后世读者的心弦。

### 情感共鸣，历史反思。

杜甫的《春望》不仅是一首感人至深的诗歌作品，更是一面映照历史与现实的镜子。人们在阅读《春望》时，不仅能够感受到杜甫个人的哀伤与无奈，更能够从中体会到那个时代人民的苦难与挣扎，从而引发共鸣与反思。这种情感共鸣与历史反思不仅让我们更加珍惜眼前的和平与安宁，也让我们更加坚定了为美好未来而努力奋斗的信念。

**原文**

福不可继，祸不可养，福祸莫受也。

**译文**

福气不可能持续，灾祸也不可能长久，面对福祸应泰然自若，不受其左右。

## 点评

《道德经》中有言："祸兮福之所倚，福兮祸之所伏。"好事与坏事往往不会单独降临，而是交替出现。

生活充满不确定性，顺境是福，但我们必须时时警惕，预见潜在的风险，以免因过度欣喜而引发灾祸；当逆境来临时，我们应勇敢面对，并积极寻求解决方案，避免因处理不当而使情况恶化。

当然，人生难测，无论是顺境还是逆境，我们都应保持内心的平和，既不因顺境而忘乎所以，也不因逆境而丧失信心。唯有如此，方能行稳致远。

# 倪瓒的淡泊与坚韧

### 面对灾祸，如何是好？

倪瓒，元末明初的杰出画家、诗人。他出生于一个富裕的家庭，曾享有优裕的生活。然而，随着元末社会的动荡不安，他遭遇了一系列沉重的打击。长兄倪昭奎、母亲邵氏和恩师王仁辅的相继离世，令倪瓒深陷悲痛之中。倪昭奎是当时道教的上层人物，他去世后，倪瓒曾经依赖他所享有的特权迅速消失，倪瓒沦落为普通的儒生，生活条件急转直下。为了生计，倪瓒不得不变卖田产和房屋，耗尽家财，最终在五湖三泖一带流浪，寄居于村舍和寺庙之中。

### 淡然处之，寄情诗画。

在家庭变故和社会动荡的双重打击下，倪瓒并未向生活低头。相反，他将情感寄托于诗画之中，以艺术为伴侣，寻求心灵的宁静与慰藉。他在逆境中保持泰然自若，向我们展示了追求精神自由与内心宁静的宝贵价值。

### 诗画传世，影响深远。

倪瓒的画作，凭借其独树一帜的风格和深邃的意境，成为中国绘画史上的一颗璀璨明珠；而他的诗作，也因清新脱俗、意境深远而备受推崇。他的作品，不仅在当时深受赞誉，流传甚广，而且对后世产生了深远的影响。

**原文**

不省之人，事无功耳。

**译文**

不能自我反省的人，做事不会有所成效。

## 点评

曾子有言："吾日三省吾身。"曾子认为，每日多次反省自己的言行，是提升自己道德修养的重要途径。

在人生的旅途中，每个人都会遭遇挫折与失败。能否从这些经历中吸取教训，关键在于我们是否拥有自我反省的能力。

那些不能自我反省的人，在面对困境时往往只会怨天尤人，从不检视自身的不足与过错。这种态度，无异于关闭了成长的大门，注定使他们在失败的泥潭中越陷越深。

相比之下，那些成功者无不具备深刻的自我反省精神。他们能在失败中认识自身的不足，勇于承认错误，并积极寻求改进的方法。正是这种持续的自我审视与修正，使他们在人生的道路上越走越远，最终抵达成功的彼岸。

# 曾国藩：不为圣贤，便为禽兽

### 如何克服根深蒂固的恶习？

曾国藩的父亲曾麟书酷爱吸烟。受父亲的影响，曾国藩自幼便习惯了土烟气息。到了十七八岁的年纪，他的烟瘾已经相当严重。曾家并不吸食鸦片，而是偏爱湖南本地出产的烟草，这种烟既呛鼻又辛辣，劲道十足。到了1840年，年仅三十岁的曾国藩因过度吸烟而精神不振，这严重干扰了他的日常生活和工作，遭到了老师和长辈们的严厉斥责。他的自尊心受到了极大的打击，同时也深刻地认识到吸烟的危害。因此，他下定决心戒除烟瘾。

### 深刻反省，持续斗争。

在首次戒烟时，曾国藩为了表明决心，将自己的字由"子城"改为"涤生"。在日记中，他阐释了"涤生"的含义："涤"指清除旧日的污点；"生"则取自明代袁了凡的话，意指过去种种，如同昨日般逝去，而未来种种，则如同今日般新生。尽管如此，由于烟瘾根深蒂固，他第一次戒烟很快就失败了。在第二次尝试中，他在日记中写下了"不为圣贤，便为禽兽"的誓言，这次戒烟取得了显著成效。曾国藩在家中坚决抵制吸烟，但每当外出目睹他人吸烟时，他便感到喉咙发痒。面对他人的敬烟，他难以抗拒，偶尔会抽上几口，自嘲为"盛情难却"。因此，他的第二次戒烟，也以失败告终。

1842年，曾国藩开始了深刻的自我反省，毅然砸毁了烟具，焚烧了烟草，并公开宣誓戒烟，以天谴作为警示，确保自己不再复吸。为了成功戒烟，曾国藩还请亲朋好友监督自己。

**成功戒烟，成就非凡。**

经过不懈的努力与坚持，曾国藩成功戒烟，并一直保持到去世。这件事给了曾国藩很大的信心，使他迅速摆脱了许多坏习惯，向圣贤看齐，最终曾国藩成为晚清著名的政治家、军事家、文学家。

## 原文

同欢者寡,贵而远离也。

## 译文

愿意与他人分享快乐的人极少,朋友变得富贵了,朋友间就要渐渐疏远了。

## 点评

　　常言道:"共患难易,同富贵难。"经历苦难时,人们往往能够团结一致,而共享幸福和成功,却显得格外困难。

　　当一个人拥有的财富和资源越来越多,他会对失去这些东西感到极度的恐惧。而且,随着地位的提升,他的社交圈子也会改变,新的圈子会吸纳新的成员,而这些新成员往往并不了解他在困顿时期所经历的窘迫和狼狈。因此,那些曾经与他共患难的人,会逐渐被疏远,以便与过去的社交圈子做出切割。

　　那些取得了巨大成就的人,并不愿意自己的光辉形象被过去的落魄和颓唐所掩盖。因此,那些曾经见过他们最脆弱、最不光彩一面的旧友,在他们看来就显得格外刺眼。这些人可能会成为他们想要摆脱的过去的一部分,因此,他们会选择与这些人保持距离,以维护自己的形象和地位。

# 权柄之下，情谊成空

### 登基为皇，如何对待旧日战友？

朱元璋出身寒微，历经艰难困苦，最终推翻元朝，建立大明王朝。他登基为帝后，对昔日的战友们产生了猜忌和防备。他将各地封给了自己的儿子去镇守，以拱卫中央；他虽然给那些功臣封爵了，但并没有赐予封地，让他们没有能力和朝廷抗衡。即便如此，朱元璋还是不放心，为了确保大明江山的稳固，他采取了极端手段，对昔日并肩作战的功臣们展开了残酷清洗。朱元璋在巩固皇权的同时，也亲手埋葬了他与这些功臣们共同度过的岁月和情谊。

### 权术与情义，需有平衡。

朱元璋若能在巩固皇权的同时，更加珍惜与功臣们的情谊，或许能避免那一场场悲剧的发生。然而，历史没有如果，朱元璋的选择，注定要成为后人评说的焦点。

### 权柄独揽，情谊尽失。

朱元璋成功地将皇权牢牢掌握在自己手中，但他的成功背后，却是以无数功臣的鲜血和生命为代价的。他虽成就了一代霸业，却也失去了与旧友共同欢笑的机会，成为孤家寡人。他以铁腕手段清除异己，确保了大明王朝的稳定，但同时也留下了残酷无情的骂名。

> **原文**
>
> 共难者众，卑而无间也。

> **译文**
>
> 愿意共患难的义士很多，虽然身份卑微，但彼此的关系亲密无间。

**点评**

虽然我们常说"同甘共苦"，但实际上，"共苦"的人要远多于"同甘"的人，这是由于人们身份卑微时力量薄弱，更需要紧密相依。

真正能在逆境中不离不弃的朋友，尤为珍贵。这些人在你遭遇挫折、陷入低谷时，非但不离你而去，反而主动靠近，用他们的温暖和支持，为你筑起一道坚固的防线。

他们或许没有显赫的身份，没有华丽的言辞，但他们在你最需要帮助的时候，愿意放下手头的一切，伸出援手，与你一同面对风雨。他们的存在，如同黑暗中的灯塔，为你指引方向，给予你前行的力量。

因此，我们要珍惜这些在逆境中不离不弃的朋友。他们是我们人生中最宝贵的财富，是我们能够在风雨中继续前行的动力源泉。

# 布衣将相的崛起

### 出身草莽，如何成就大业？

刘邦，出身农家，早年并不显赫。但在秦末农民起义的浪潮中，他凭借卓越的领导才能和包容并蓄的心态，吸引了一批出身卑微但才华横溢的将领和谋士，如萧何、韩信、陈平等。他们背景各异，但都成为跟随刘邦打天下的功臣，史称"布衣将相"。在刘邦的领导下，这些人才紧密合作，共同面对秦军的强大压力和楚汉争霸的复杂局势。他们中有的擅长治国理政，有的精通兵法战略，有的擅长外交游说，各自发挥特长，为刘邦建立汉朝贡献了巨大的力量。

### 知人善任，不拘一格。

刘邦的成功，很大程度上得益于他知人善任、不拘一格的用人之道。他能够识别并重用那些身份卑微但才华横溢的人才，给予他们充分的信任和施展才华的空间。同时，他还能营造一种平等、包容的团队氛围，让每个人都能感受到自己的价值，进而产生归属感，从而激发出更强的凝聚力和战斗力。

### 建立汉朝，开创盛世。

在刘邦及其"布衣将相"的共同努力下，他们成功推翻了秦朝的暴政，打败了项羽等强敌，建立了汉朝。刘邦在位期间，采取了一系列有利于国家发展的政策措施，如休养生息、轻徭薄赋等，使汉朝国力大增，为后世的繁荣奠定了坚实的基础。

## 原文

苦乐由人，非苦乐也。

## 译文

人生的苦与乐，是由人的心境决定的，而非苦与乐本身决定的。

## 点评

世间万事万物没有绝对的苦乐之分，它们的存在和变化都由我们内心的感受和领悟所决定。

人们通常认为顺境带来快乐，逆境导致痛苦，但实际上，苦乐源于个人的心态。那些乐观的人，往往能够将困境视为磨砺和成长的机会，他们相信通过不断挑战，自己能够变得更加强大和成熟。相反，那些悲观的人，即使身处顺境，也常常会感到不安和焦虑，因为他们认为这些美好的时刻不过是昙花一现的幻象，终将逝去。

正如苏轼所言："人有悲欢离合，月有阴晴圆缺，此事古难全。"面对生活中不可避免的起伏和波折，我们应当保持平和的心态，无论是顺境还是逆境，都勇敢地去接受、去体验、去感悟。

# 苏轼：一蓑烟雨任平生

### 该以何种态度面对坎坷？

北宋大文豪苏轼，一生宦海浮沉，多次遭贬。从繁华的京城到偏远的黄州、惠州，再到更为荒凉的儋州，每一次贬谪都伴随着生活条件的急剧下降和心理上的巨大压力。然而，苏轼并未在逆境中沉沦，反而以超凡脱俗的豁达心态，将苦境转化为乐土。

### 转变心态，随遇而安。

在黄州，他开垦东坡，自号"东坡居士"，写下了"竹杖芒鞋轻胜马，谁怕？一蓑烟雨任平生"的豪迈词句。在惠州，他虽身处蛮荒之地，却仍能发现生活的美好，留下"日啖荔枝三百颗，不辞长作岭南人"的佳句。即使在最为艰苦的儋州，他也未曾放弃对知识的追求和对生活的热爱，积极教书育人，传播文化。

苏轼能在逆境中保持内心的宁静与快乐，关键在于他能够转变心态，随遇而安。他从不抱怨命运的不公，而是积极寻找生活中的乐趣，用诗文记录点滴感悟，用行动诠释人生的意义。

### 千古流传，文名不朽。

苏轼的一生，虽历经坎坷，却也因此成就了他非凡的文学造诣和深邃的人生哲学。他的诗文作品，不仅在当时广为传颂，更在后世产生了深远的影响。人们从他的作品中，不仅读到了他的才情与智慧，更感受到了他那种在逆境中依然保持乐观与豁达的生活态度。正是这种态度，让苏轼千古流传，文名不朽。

## 原文

至乐乃予，生之崇焉。

## 译文

人生最大的快乐源自给予，这是生命的崇高意义。

## 点评

"生命的意义在于付出、在于给予，而不是在于接受，也不是在于争取。"巴金的这句话，深刻揭示了人生的意义，并指导我们如何成为一个真正快乐的人。

当我们愿意将美好的事物与他人分享时，我们的内心会感受到前所未有的满足与宁静。这种分享不仅使他人受益，也让我们的生命因此变得更加丰富和有意义。

当今时代，人们常常被名利所束缚，忘记了生命中最本质的快乐。事实上，那些外在的成就和物质财富，虽然能带来短暂的满足，却无法触及心灵深处的幸福。我们唯有学会放下个人的私欲，以一颗真诚和善良的心去对待他人，去给予和帮助他人，才能真正体验到生命中最纯粹的快乐。

# 李士谦的仁德之路

**如何实现人生的崇高意义?**

在隋代赵郡，有一位名叫李士谦的仁者，他的一生，是对仁德之道的深刻诠释。年幼丧父，他侍奉母亲极尽孝道，母亲去世后，他更是将家宅捐作佛寺，自己则投身学海，博览群书。然而，面对权贵的征辟与举荐，他始终坚守本心，不为名利所动。隋朝建立后，他更是以乐善好施闻名乡里，成为一方楷模。

**无私奉献，坚守一生。**

李士谦的仁德，体现在他生活的方方面面。他虽家境殷实，却生活节俭，对自己要求严格，而对他人则慷慨大方。每当乡里有人遭遇困境，他总是第一时间伸出援手，不计亲疏，不图回报。他扶贫济困，慷慨解囊，帮助无数乡亲渡过难关。在饥荒之年，他更是倾尽家财，购买粮食，熬粥赈济灾民，使成千上万的人得以存活。

李士谦的仁德贯穿了他的一生。对待困境中的人，他不仅在物质上给予帮助，更在精神上给予慰藉。他用自己的言行影响着周围的人，使他们也加入行善的行列中来。他的善行，如同春雨，滋润着人们的心田，使社会充满了温暖与和谐。

**德泽广被，流芳百世。**

李士谦用善行与奉献，赢得了人们的尊敬与爱戴。在他去世后，当地百姓无不痛哭流涕，万余人为他送葬。他的事迹被载入史册，成为后世传颂的佳话。

## 原文

至苦乃亏,死之惶焉。

## 译文

最大的痛苦莫过于亏欠他人,即便到死也会心怀不安。

## 点评

人生在世,难免会有对他人的承诺与责任。当这些责任未能尽到,或是对他人造成了无法弥补的伤害时,内心的痛苦与愧疚便如影随形,成为难以承受之重。这种痛苦,不仅是对自己行为的悔恨,更是对他人情感的亏欠。即便在生命的最后时刻,这份愧疚感也难以消散,让人无法安心离去。

因此,我们应该时刻警醒自己,为人处世要负责守信,坚守正道,要尽力避免那些可能导致终生遗憾和痛苦的行为。只有这样,我们才能在回首往事时,心中少一些愧疚,多一些平静和安宁。

# 豫让刺赵襄子

### 道义难全，君子如何心安？

豫让，春秋战国之际晋国人，当时晋国有六大家族争夺政权，豫让曾在范氏、中行氏门下为客，却并未得到应有的重视。后转投智伯，得智伯赏识，从此誓死效忠智伯。然而，世事无常，赵家首领赵襄子联合韩、魏两家，灭掉了智伯，并以智伯的头骨为杯，饮酒作乐。豫让目睹此景，心如刀割，立誓要为智伯报仇，以尽自己作为臣子的信义。

### 坚守信义，不留遗憾。

豫让更名易姓，潜入赵襄子的宫中行刺，但因赵襄子的警觉而未能成功。赵襄子感佩其忠诚与勇敢而释放了他。豫让并未放弃，为了改变容貌和声音，他不惜在全身涂上漆料、吞下煤炭使声音嘶哑，伪装成乞丐，伺机复仇。豫让埋伏在赵襄子必经之路的桥下，准备实施刺杀。然而，命运弄人，赵襄子的马突然受惊，再次破坏了他的计划。赵襄子捉住豫让后，责备他说："你曾为范氏和中行氏效力，智伯灭了他们，你不仅未替他们复仇，反而投靠了智伯。如今你也可以投靠我，为何执意为智伯复仇？"豫让回答："我在范氏、中行氏门下时，他们并未重视我，视我为常人；而智伯却极为看重我，是我的知己，我必须为他复仇。"豫让明白此次必死无疑，于是请求赵襄子脱下衣服，让他刺穿衣服，这样他便能不留遗憾地死去。赵襄子被他的忠义所感动，满足了他的请求。豫让拔剑刺衣，三剑之后，自刎而亡。

**名传千古,道义永存。**

　　真正的勇士,不在于力敌千钧,而在于坚守内心的道义。豫让用他的生命诠释了信义的真谛,也为我们树立了一个光辉的榜样。豫让虽然身死,但他坚守道义的精神却永远地留在了人们的心中。他的故事被后人传颂,成为一段佳话。他的忠诚与信义,也成了后世无数侠士所追求的理想境界。

## 荣辱卷五

**原文** 人强不辱,气傲无荣。

**译文** 强大的人不会遭受羞辱,骄傲的人不会收获荣耀。

### 点评

　　真正的强者,不在于外在的强悍,而在于内心的坚韧与不屈。他们面对困境时,能够保持冷静与理智,用智慧和勇气克服一切困难。即使身处逆境,他们也能坚守自己的信念与原则,不为外界所动,因此,他们永远不会因为外界的压力而蒙受耻辱。

　　相反,那些骄傲自大的人,往往高估自己的能力,轻视他人的智慧与努力。他们沉浸在自我膨胀的泡沫中,忽视了自我提升与学习的重要性,在取得一点成就后,便沾沾自喜、自命不凡。这样的态度不仅无法让他们获得持久的荣耀,反而会使他们因为一时的疏忽与自大而走向失败。

# 李自成：从辉煌到覆灭

### 李自成为何在占领京城后迅速走向失败？

李自成，明末农民起义领袖，率领起义军一路势如破竹，最终攻占了明朝都城北京，推翻了明朝的统治。然而，胜利的喜悦和权力的诱惑让李自成和他的将领们迅速陷入了骄傲自满的泥潭，最终导致了他们的失败。在进入北京城后，李自成和部下被繁华的都市和权力所迷惑，开始沉迷于享乐之中。他们忘记了战争的残酷和民众的疾苦，大肆搜刮民财，纵容士兵抢掠，甚至对明朝的官员和士绅进行残酷的迫害。这种骄横跋扈、贪婪无度的行为，迅速激起了民众的反抗和不满。与此同时，李自成及其核心团队在战略上也出现了重大失误。他们过于轻敌，认为明朝已经灭亡，自己已经稳坐天下，没有继续巩固政权、整顿军纪和安抚民心的必要。这种骄傲自大的心态，使得他们未能及时应对吴三桂和清军的进攻，最终导致了战略上的被动和失败。

### 戒骄戒躁，持重守成。

如果李自成能够在占领北京后保持清醒的头脑，戒骄戒躁，持重守成，他或许能够避免后来的失败。他应该采取一系列措施来巩固政权、整顿军纪和安抚民心，比如减轻百姓的负担、恢复生产秩序、重用贤能之士、加强军事防御等。同时，他还应该保持对外部威胁的警惕，及时应对来自吴三桂和清军的威胁。

### 骄兵必败，历史重演。

李自成的骄傲自大和轻敌之心，使他失去了对形势的准确判断和对未来的清晰规划。最终,他的起义军在一片混乱和失败中走向了末路。李自成的失败告诉我们:无论身处何种境地,我们都应该保持谦虚谨慎的态度,不断学习和进步,以应对未来的挑战、迎接未来的机遇。

**原文**

荣辱莫改，其人惟贤。

**译文**

无论面对荣誉还是耻辱，都能坚守本心，这样的人才是真正的贤人。

## 点评

世界万象，繁华如梦，荣誉与耻辱如同浮云，变幻无常。有人因一时的成功而得意忘形，也有人因遭遇挫折而意志消沉。

真正的贤者，以冷静的态度面对荣耀与屈辱、升迁与贬谪，仿佛面对春夏秋冬的自然更迭。他们注重内在修养，以真诚、善良、正直为立身之本，不追求虚荣，保持不卑不亢的态度；他们将荣誉视为锦上添花，得到时不沾沾自喜；他们将耻辱视为试金石，面对时不沮丧；他们的心态如同云彩的聚散，顺应自然。

具备了这样的心理素质，就能够坚守"达则兼济天下，穷则独善其身"的价值追求，并且无论是在顺境还是在逆境，都能保持心态的稳定。

# 辛勉拒仕刘聪

**面对强权,如何坚守节操?**

辛勉,晋朝人,出身于武将之家,其父辛洪为左卫将军。他自幼博学多才,深受家族熏陶,养成了坚守正道的节操。在晋怀帝时代,他因才华出众,多次升官,最终官至侍中。后来,皇室斗争日渐严重,大司马刘聪攻破洛阳,制造永嘉之乱,俘虏晋怀帝。辛勉被迫随晋怀帝迁往平阳。在平阳,大司马刘聪看中了辛勉的才华和名望,任命辛勉为光禄大夫。然而,辛勉执意推辞,不肯接受这一任命。

**富贵不能淫,威武不能屈。**

辛勉深知,作为晋朝的大臣,不能背叛自己的国家和君主,因此严词拒绝刘聪。刘聪见辛勉如此坚决,便派遣门下的黄门侍郎乔度带着药酒来逼迫他。面对生死威胁,辛勉毫不畏惧,毅然说道:"堂堂男子汉,哪能凭借几十年的性命,亏损了高尚的节操来服侍二主?我还是到地府里见武皇帝吧!"说完,他拿过药酒就要喝下去。乔度见状,连忙拦住他,说道:"我的主人只是试探您罢了,您真是高尚的君子!"说完,他叹息着离开了。刘聪得知此事后,对辛勉的贞洁和高尚节操深感敬佩,于是在平阳的西山为辛勉修建了一座小屋,每个月都送给他酒和米。然而,辛勉还是不肯接受,始终坚持着自己的节操和原则。

**名垂青史,流芳百世。**

面对逆境和威逼利诱,辛勉选择坚守节操和原则。他没有因为生死威胁而屈服，也没有因为荣华富贵而动摇。辛勉的高尚品行，换来后世的敬仰和赞誉，其事迹被载入《晋书》之中。他的故事告诉我们：只有那些坚守节操、不为外界所动的人，才能名垂青史、流芳百世。

## 原文

予人荣者，自荣也。

## 译文

给予他人荣誉，自己也会因此得到荣誉。

## 点评

《孟子》有言："爱人者，人恒爱之；敬人者，人恒敬之。"那些乐于助人、甘于奉献的人，最终不仅赢得了他人的尊敬与感激，更在无形中提升了自身的价值与地位。

这是因为，当我们以真诚和善意去帮助他人取得成功、获得荣誉时，我们自身也在这个过程中得到了成长与升华。这种精神层面的富足与满足，是任何物质财富都无法比拟的。

那些胸怀宽广、乐于提拔后进、给予他人荣耀的先贤，往往也为自己赢得了后世的敬仰与传颂。他们的行为不仅彰显了高尚的人格魅力，更为后世树立了光辉的榜样。

# 唐太宗与凌烟阁二十四功臣

### 唐太宗为何建置凌烟阁？

唐太宗李世民，以其卓越的文治武功和开明的治国理念，开创了"贞观之治"的盛世局面。他深知人才对国家的重要性，因此在位期间，不仅广开才路，重用贤能，还通过设立凌烟阁，表彰开国功臣。凌烟阁，位于唐朝皇宫三清殿旁，是唐太宗为纪念开国功臣而建的。贞观十七年（643），唐太宗命阎立本在凌烟阁内描绘了二十四位功臣的画像，并亲自作赞，以示表彰。这二十四位功臣，既有跟随他南征北战的武将，如李靖、尉迟敬德等，也有运筹帷幄的文臣，如房玄龄、杜如晦等。他们共同为唐朝的建立和繁荣立下了汗马功劳。凌烟阁二十四功臣的画像与事迹，也被后人广为传颂，成为激励后人奋发向上的精神力量。

### 表彰功臣，赢得敬仰。

唐太宗通过设立凌烟阁，不仅表达了对功臣们的感激之情，更向世人展示了他的英明与仁德。这一举措，极大地激发了功臣们的忠诚与热情，也赢得了天下士人的敬仰与归心。同时，唐太宗自己也因这一举动而获得了更高的威望，成为后世帝王学习的楷模。

### 国家昌盛，流芳后世。

唐太宗的这一举措，不仅巩固了唐朝的统治基础，也促进了国家的繁荣与昌盛。在他的治理下，唐朝经济繁荣、文化昌盛、疆域辽阔，成为当时世界上最强大的国家之一。而他开创的大唐盛世，则被后世称为"贞观之治"，成为一座历史的丰碑。

**原文**

予人辱者，自辱也。

**译文**

侮辱别人的人，最终会自取其辱。

## 点评

　　世间之事，因果循环，报应不爽。当我们以轻蔑、侮辱的态度对待他人时，不仅伤害了对方的尊严，也无形中给自己种下了恶果。

　　侮辱他人，看似获得了一时的快意，实则是在为自己的人生之路铺设荆棘。它不仅会损害我们的人际关系，还会让我们的心灵变得狭隘与阴暗。

　　真正的智者，懂得尊重每一个人，无论其地位高低、财富多寡，都能以平等和包容的心态相待。因为他们明白，给予他人尊重，就是给予自己尊严，而侮辱他人，最终只会让自己陷入自取其辱的境地。

# 袁绍与官渡之战

### 官渡之战中袁绍为何惨败？

东汉末年，田丰作为袁绍的重要谋士，多次为袁绍出谋划策，助其稳固基业。官渡之战前夕，刘备突袭了徐州刺史车胄，占领了沛县，背叛了曹操。曹操随即亲自率领大军征讨刘备。面对这一局势，田丰向袁绍进言："与您争夺天下的主要对手是曹操。如今曹操正远征刘备，双方的战斗不可能迅速结束。这正是我们调动全部兵力，趁机袭击曹操后方的绝佳时机。"然而，袁绍以儿子生病为由拒绝了田丰的提议。田丰失望地叹息道："唉，大势已去！"袁绍听闻此言后十分愤怒，从此开始疏远田丰。

曹操担心袁绍会趁机渡过黄河，因此加大力度攻打刘备，不到一个月便将刘备击败。刘备无奈之下投奔了袁绍，袁绍这才决定进军许县。田丰认为既然错失了先前的良机，目前不宜轻率出兵，于是劝阻袁绍说："曹操已经击败了刘备，许都已不再空虚。曹操擅长用兵，即使兵力不多，也不可轻视。现在我们不如采取长期坚守的策略，使敌人疲于奔命。不出两年，我们便能坐享其成。"袁绍对田丰的劝谏嗤之以鼻，认为这是对自己的质疑和侮辱，一气之下将他囚禁起来。

田丰被囚后，袁绍遭遇了官渡之战的惨败。在逃亡的路上，袁绍回忆起田丰的忠告，不禁悔恨交加。然而，他害怕田丰会嘲笑自己的失败，更担心田丰的存在会威胁到自己的权威。于是，袁绍又派人到狱中杀害了田丰。

**宽容待人，纳谏如流。**

袁绍的失败启示我们：一个领导者若不尊重人才，纳谏如流，最终只会走向失败。当遇到不同的声音时，不要急于否定或打压，而是要认真思考其中的合理之处，并加以吸收和采纳。只有这样，我们才能不断完善自己，避免重蹈覆辙。

**失道寡助，自取其辱。**

袁绍因一时之怒而背弃田丰，最终导致了官渡之战的惨败和自己的覆灭。他的行为不仅让他失去了众多忠诚的部将和谋士的支持，也让他在天下人面前失去了信誉和尊严。

**原文**

君子不长衰，小人无久运，道之故也。

**译文**

有品德的君子不会长久处于衰败之中，而无德的小人亦无法长久享有好运，这是天理大道使然。

## 点评

《周易》有言："天行健，君子以自强不息；地势坤，君子以厚德载物。"

人生起伏跌宕，君子能在逆境中崛起，在顺境中保持谦逊，皆因其内心秉持着坚定的道德信念与不懈的奋斗精神。

君子面对困境时，不怨天尤人，而是积极寻求解决之道；在顺遂之时，亦能保持清醒的头脑，不骄不躁。

反观小人，往往因一时之利而忘乎所以，或为一己之私而不择手段，最终必将在道义的审判下自食其果。

这一道理，揭示了人生成功的真谛，即以德才兼备为本，方能行稳致远。

# 蔡京：六贼之首

## 位极人臣，为何沦为六贼之首？

蔡京，北宋时期的政治家，宋徽宗时期，他以书画讨好徽宗，得到重用，并多次任相，位极人臣。在蔡京主政期间，他借继承宋神宗新法之名，推行了一系列经济改革措施，如市易法、方田均税法等，增加了政府财政收入。同时，他还对教育进行了改革，主持了"崇宁兴学"，推动了宋代教育事业的发展。然而，蔡京的品德却备受争议。他只顾眼前利益，不顾长远发展，过早地消耗了民力，激化了社会矛盾。他的经济改革成果并未转化为社会发展的动力，反而加速了宋王朝的衰败。

在政治上，蔡京还持续打击不同政见者，尤其是以元祐党人为主，使得朝廷几无可用之人。他的行为引起了朝野上下的强烈不满和反抗。金兵攻宋时，蔡京率家南逃，最终被钦宗放逐岭南，途中死于潭州。世人追究其祸国之罪，称之为"六贼之首"。

## 坚守品德，着眼长远。

蔡京的故事告诉我们：权力和地位只是暂时的，而品德和声誉才是永恒的。只有以高尚的品德和宽广的胸怀去赢得他人的尊重和信任，才能在人生的道路上走得更远、更稳。

## 权臣末路，遗臭万年。

蔡京虽然一度权倾朝野，风光无限，但最终却因品德低劣、行为不端而落得个遗臭万年的下场。他的兴衰沉浮，不仅是个人的悲剧，更是对后人的警示。

## 原文

饥以食，莫逾困以怜。

## 译文

对饥饿的人施舍饮食，不如对陷入困境的人施以同情。

## 点评

  饥饿之时，给予食物能解燃眉之急，但真正的温暖与力量，往往源自困境中那份无私的关怀。物质上的帮助固然能暂时缓解人的痛苦，但精神上的慰藉与鼓励，却能激发人内心深处的坚韧与希望。

  当我们在逆境中挣扎，一句暖心的话语、一次真诚的援手，往往能点亮心中的灯塔，引领我们走出黑暗，重见光明。

  当今社会，快节奏的生活让人们容易忽视身边人的情感需求。我们往往忙于应对生活的压力与挑战，却忘记了给予他人一份简单的怜悯与关怀。

  其实，这份怜悯并不需要多么繁杂的行动，它可能只是一个微笑、一句问候、一次倾听，但它所带来的力量，却足以让受困者感受到人间的温暖与美好，重新找到生活的勇气与方向。

# 元稹与白居易：困境中的相互扶持

**当朋友遭遇困境时，应当如何对待？**

贞元十九年（803），元稹与白居易一同考中进士，并被分配至秘书省担任校书郎。从此，两人的命运紧密相连，无论是事业上的低谷还是亲人故去的悲痛，他们都相互陪伴、不离不弃。

元和元年（806），元稹因触犯权贵被贬至河南，随后又遭遇母亲病逝的沉重打击。元稹家境贫寒，母亲是他唯一的亲人，也是他的启蒙老师。母亲的去世，让元稹陷入了极度的悲痛和困境之中。此时，白居易挺身而出，不仅为元稹的母亲撰写墓志铭，还多次寄钱资助元稹。这份深情，元稹铭记在心。

五年后，白居易的母亲病逝，墓志铭是由元稹撰写的。当时元稹被贬至江陵，无法亲自吊丧，便委派侄子代表自己前往吊祭。深知好兄弟守丧期间经济拮据，尽管自己手头也不宽裕，元稹还是三次寄钱资助白居易。关于这一段，白居易在《寄元九》一诗中这样写道："三寄衣食资，数盈二十万。岂是贪衣食？感君心缱绻。"

**诗文寄情，心灵相依。**

当朋友身陷困境时，予以钱财，固然难得，但如果能在精神上提供支持，就显得尤为珍贵。白居易与元稹之间的深厚情谊，早已超越了世俗的物质，他们志同道合，诗词唱和三十余年，往来诗篇达千首之多，世称"元白"；他们彼此理解、相互扶持，共同面对人生的风雨；无论是仕途的坎坷，还是家庭的变故，他们都用文字表达着对彼此的同情与支持。这种精神上的慰藉与鼓励，对于身处困境的人来说，无疑是最宝贵的礼物。

**友谊长存，佳话流传。**

　　元稹与白居易的深厚友谊是唐代诗坛的一段佳话。他们的诗歌不仅记录了那段艰难岁月，更见证了人间最真挚的情感。他们的这份情谊，如同明灯一般，照亮了彼此的人生道路，也激励着后人去珍惜友谊、关爱他人。

**原文**

寒以暖，无及厄以诫。

**译文**

对受冻的人施舍衣物，不如对遭逢厄运的人施以劝诫。

## 点评

常言道："授人以鱼，不如授人以渔。"这个道理简单明了：鱼是行动的目标，而捕鱼则是达成目标的手段。

一条鱼能暂时缓解饥饿，但无法确保长期温饱。要想永远不缺鱼吃，我们必须真正掌握捕鱼的技巧。

面对寒冷与困苦，同样如此。直接的援助固然能解一时之急，但真正的智慧在于通过劝诫和引导，帮助他人走出困境，实现自我成长。

正如冬日里的一缕暖阳虽能暂时温暖身体，但深刻的教诲却能照亮心灵的迷雾，让人在困厄中找到前行的方向。

因此，对于身处困厄的人，我们应给予更多的理解与支持，通过劝诫与引导，帮助他们认识问题、解决问题，从而在困境中崛起，实现自我超越。

这种帮助，比单纯的物质援助更为珍贵，因为它触及人的心灵深处，激发了人的内在潜能。

# 云谷禅师点化袁了凡

**人要如何摆脱命运的束缚？**

明朝思想家袁了凡，自幼丧父，家境贫寒。某日，袁了凡在前往慈云寺的途中，偶遇一位仙风道骨的老者，自称"孔先生"，乃邵雍的传人，精通"皇极数"，批人断命极为准确。孔先生推算出袁了凡一生的命运，包括最高官位只能是知县，且无子嗣，五十三岁寿终正寝，等等。随着孔先生的判词一句一句应验，袁了凡仿佛被抽走了人生的动力，对未来充满了悲观与无奈。他开始终日静坐，心如止水，对世事再无所求。

**心内自省，身体力行。**

后来，袁了凡前往栖霞山拜访云谷禅师，在禅房内静坐了三日三夜。禅师见他毫无妄念，便询问原因。袁了凡将自己的命运被孔先生算中的事情和盘托出，并表示既然命运已定，起妄念也无济于事。禅师听后，笑称袁了凡为凡夫俗子，并解释道："命运虽有定数，但大善大恶之人，命运亦难拘束。"禅师进一步阐述了"福由我作，命自己求"的道理，指出人的命运其实掌握在自己手中，只要肯内省改过、去恶从善，就能一步一步改变命运。云谷禅师还教他用"功过格"的方法修身自省，每天反思自己的言行，分别填入对应的"功格"和"过格"。袁了凡听后，深感自己过去既无知又懈怠，决定从内心开始改变，积极修养自身的德行。

**改过自新，焕然新生。**

经过云谷禅师的点化与自己的不懈努力，袁了凡终于解开了心中的结，命运也随之发生了翻天覆地的变化。他不仅官至兵部主事，还拥有了两个儿子，并且活到了七十四岁。这个故事告诉我们：对身处困厄的人，最大的帮助莫过于为他们指引方向，给出中肯的劝诫。我们应当帮助他们清晰地认识问题，并探索解决问题的途径，以便他们在逆境中能够重新振作，走出困厄。

**原文**

予人至缺，其可立也。

**译文**

给予他人当下最缺少的东西，这样才能安身立命。

## 点评

　　一个人是否能安身立命，往往不在于你拥有多少，而在于你能给予他人多少。当你给予他人最迫切需要的东西时，你也就得到了他人的尊重与支持。

　　当你帮助他人解燃眉之急时，你不仅给予了他们实质性的帮助，更传递了一种温暖与力量。这种正面的能量会在人与人之间传递，最终汇聚成一股强大的力量，推动社会的进步与发展。

　　当然，给予并非盲目地施舍，而是需要凭借智慧，洞察他人的真正需求，避免浪费资源与时间。同时，我们还要在给予的过程中保持谦逊与真诚，让受助者感受到我们的诚意与关怀。

# 张仲景与《伤寒杂病论》

### 身处乱世，医者如何拯救百姓？

东汉末年，战乱频繁，瘟疫肆虐，百姓生活在水深火热之中。医者张仲景目睹了无数因疾病而失去生命的百姓，深感痛心。他深知，在那个时代，医术不精、药物匮乏，百姓缺乏救治条件。于是，张仲景决定投身医学，潜心研究，力求为百姓找到治疗疾病的良方。

### 潜心著述，造福苍生。

经过数十年的临床实践与研究，张仲景终于编纂出了《伤寒杂病论》这部医学巨著。该书不仅系统地总结了东汉以前的医学理论和临床经验，还创新性地提出了许多新的诊疗方法和方剂。这些方法和方剂，有效地治疗了当时常见的伤寒和杂病，极大地缓解了百姓的痛苦。他的这一善举，不仅赢得了百姓的感激与敬仰，也为中国传统医学的发展做出了巨大的贡献。

### 流芳百世，永载史册。

张仲景编纂《伤寒杂病论》，为后人留下了宝贵的医学遗产。他的事迹与精神将永远被后人铭记与传颂。

**原文**

荣极则辱，惟德可存焉。

**译文**

一个人荣耀到了极致，就难免遭受屈辱，只有良好的德行才能长久留存。

**点评**

　　当一个人被荣誉和权力冲昏头脑，忽视自身的品德修养，他迟早会为此付出沉重的代价。也有人一朝失势，便跌入万丈深渊。这种从云端跌落至尘埃的巨变，往往源于个人品德的缺失。

　　因此，我们应该明白，真正的荣耀并非来自外界的赞誉和地位的高低，而是源自内心的善良和高尚的品德。

　　只有那些能够在荣耀面前保持清醒头脑、不忘初心、坚持自我修养的人，才能在人生的道路上走得更远、更稳。

# 吴起的辉煌与悲凉

**吴起功勋盖世,为何晚景凄凉?**

战国时期的吴起,以其卓越的军事才能和智谋,成为当时著名的军事家。他先后在鲁国、魏国和楚国担任要职,屡建奇功,威震四方。

在吴起心中,权势是最重要的。鲁国国君考虑到吴起的妻子是齐国人,认为他很可能会与齐军串通。为了打消鲁国国君的顾虑,为了成就自己的功名,吴起杀死了自己的妻子,并且还向鲁国国君呈递了一封书信,在其中表明了自己与齐国势不两立的决心。吴起这才打消了鲁国国君的疑心,被任命为抗齐大将。后来,吴起发现鲁国国君又对自己起了疑心,只得出逃,来到魏国。

魏国国相翟璜向魏文侯推荐了吴起,魏文侯认为吴起连妻子都杀,太过凶残。魏文侯担心引狼入室,翟璜却说,吴起只认荣华富贵,只要确保给吴起的荣华富贵比别的国家给得多,那么吴起就会死心塌地地效忠魏国。吴起便成了魏国的将军。他治兵有方,训练出了一支勇猛无敌的吴家军,几次击退了秦军的进攻。魏国自此成为三晋之中最强一国。但好景总是不长。魏文侯死了,太子击继位为魏武侯,拜田文为相。吴起觊觎相位已久,因此愤愤不平,甚至顶撞魏武侯。魏武侯彻夜难眠,对吴起动了杀心。吴起只得又跑到楚国。

楚悼王熊疑对吴起的才能非常欣赏,直接将相印交到他手里,连说三声"拜托了"!吴起也不负重托,还给楚悼王一个国富兵强的楚国,令"三晋、齐、秦咸畏之"。然而,当楚悼王死后,失去保护伞的吴起也随即被楚国贵族们杀死。

### 适可而止，以德护身。

吴起不但是个军事奇才，也是一个治国能臣，不然鲁、魏、楚三国的国君也不会都重用他。但是吴起的人品却令人不齿，他一生不择手段地追求荣华富贵，沉醉在权势滔天的成就中，全然不顾即将到来的灭顶之灾。

### 结局凄凉，警醒后人。

吴起得到楚悼王的极度信任，让他能充分施展所长，但他也因此与无数人结下仇怨。无数双仇恨的眼睛在盯着这个传奇却又冷酷无情的人，他们是被吴起撤职的官员、失去既得利益的楚国王公贵族、排斥法家思想的楚国知识分子……

楚悼王熊疑，作为吴起的坚实后盾，终有离世的一天。仇恨吴起的人已经迫不及待，就在熊疑的葬礼上，他们拈弓搭箭，对准了吴起。箭矢无情地飞来，吴起死于非命。

吴起的故事告诉我们：当荣耀达到顶峰时，应懂得适时止步，避免沉迷其中。同时，我们还要注重品德的修养，以德护身。

## 原文

辱极则荣，惟善勿失焉。

## 译文

一个人受辱达到了极致，就可能转辱为荣，而内心的善良万万不可丢失。

## 点评

屈辱与困境，是磨砺心志的砺石，是通往荣耀的必经之路。

面对侮辱与打击，有人选择沉沦，自甘堕落；而有人则以坚韧不拔之志，迎难而上，最终在逆境中绽放出璀璨的光芒。

在这段旅程中，我们必须时刻铭记，善良的本性是我们安身立命的根本，无论身处何种境地，我们都应坚守内心的善良与正直。

这份品质是无论何时何地都不应被遗忘或抛弃的宝贵财富，犹如黑暗中的灯塔，使我们在风雨中依然能够把握方向，勇往直前。

# 狄青：起于寒微，终成一代名将

### 在极端屈辱中，如何坚守善良和理想抱负？

狄青，北宋时期的著名将领，其出身贫寒，早年便饱受生活的艰辛之苦。十几岁时，他因一次与乡人的冲突而被官府捕快投入监牢，这一事件对他而言无疑是极大的屈辱。他不仅被刺字脸上以示惩罚，还被注销了户籍，发配至京师充军。这样的遭遇，对于任何人来说都是难以承受的打击，但狄青并未因此沉沦。

在京师充军的日子里，狄青并未放弃自己。他更加勤奋地学习兵法，刻苦训练武艺，逐渐在军营中崭露头角。他对待士兵和百姓都充满了关爱和尊重，这种善良的本性让他在士兵中赢得了极高的声望。同时他的军事才能逐渐得到了上级的赏识，他因此得到提拔，参与了更多的军事行动，并在战场上屡建奇功。

### 知耻后勇，逆境成长。

狄青以贫寒之身，从社会最底层一路打拼，靠的是自己的努力和实力，这在当时社会绝无仅有。狄青在其功成名就之时也没有改变其谦虚不躁的品性，在狄青因战功入皇宫面圣之时，宋仁宗见他仍面带刺青字迹，就劝他以药物将字迹涂去，这样才与其高贵的身份相匹配。狄青谢绝了皇帝的美意，他说，面部的刺字，他愿意保留，他要让所有士兵都知道，只要努力，不论其身份如何，都能够取得成功。宋仁宗闻言，对狄青耿直的心胸倍加赞赏，更加器重狄青。在狄青成功进入国家重臣之列时，曾有人妄图劝诱狄青认唐代名家狄仁杰为先祖，狄青闻之，一笑了之，他并不想以此来抬高自己的身份。狄青的品行和武功在当时朝野广受赞许，京师的百姓也相互传颂狄青的事迹。

**战功赫赫，名垂青史。**

狄青在军事上的辉煌成就，让他成为北宋时期的一位传奇人物。他的名字和事迹被载入史册，成为后人学习的楷模。他的故事告诉我们：即使出身卑微、遭受屈辱，只要我们坚守善良的本性，努力提升自己的能力，就一定能够迎来属于自己的荣耀和成功。

可惜在宋朝抑武扬文的大环境中，狄青的力量难以发挥，北宋的国力进一步衰落，此后再也没有如狄青般能拯救北宋危亡的武将出现，北宋的命运也注定以失败而告终。

## 成败卷六

**原文**

成无定式,利己利人乃成焉。

**译文**

成功并没有什么固定的模式,能做到对己对人都有利,就算是成功了。

**点评**

自古以来,世人皆追求成功之道,却往往忽略了成功的真谛。成功并非单一维度的胜利,而是多重价值的和谐统一。

许多人一心追求名利,却忽略了对他人的关怀与帮助,这样的成功往往短暂且空虚。

真正的成功,是在实现自我价值的同时,也能为他人带来福祉,促进社会的和谐与进步。

虽然成功的方式多种多样,但无论选择何种道路,能够惠及他人,是定义成功的一个重要前提。

# 刘邦约法三章

### 天下未定，如何巩固自身？

秦朝末年，百姓生活在水深火热之中，对严酷的律法充满了恐惧与不满。刘邦深知，民心向背是决定胜败的关键。因此，当他率军攻入咸阳，推翻秦朝统治后，没有急于庆祝胜利，而是首先考虑到如何稳定民心，恢复社会秩序。

于是，刘邦召集咸阳城的父老乡亲，当众宣布了三条简明的法令："杀人者死，伤人及盗抵罪，余悉除去秦法。"这一举措，无疑是对秦朝暴政的彻底否定，也是对民众诉求的积极回应。约法三章，简洁而有力，为刘邦赢得了百姓的衷心拥护，也树立了其仁政爱民的形象。在那个群雄逐鹿的年代，得民心者得天下，刘邦的这一智谋，无疑为他日后的霸业奠定了坚实的民心基础。

### 利民为本，顺势而为。

刘邦的成功，在于他能够洞察时局，顺势而为，同时不忘利民为本的初心。在攻占咸阳后，他没有选择沿袭秦朝的苛政，而是果断废除秦法，实施约法三章，以此来赢得民心，巩固统治。这一策略，既体现了他高瞻远瞩的政治智慧，也展现了他深厚的民本思想。

### 民心汇聚，霸业终成。

刘邦的约法三章，不仅有效地稳定了咸阳城的局势，更为他日后的统一大业奠定了坚实的民心基础。在群雄逐鹿的争斗中，他凭借这一策略，逐步赢得了天下民心，最终击败项羽等诸侯，建立了强大的汉朝。

## 原文

败有定法，害人害己乃败焉。

## 译文

失败有既定的规律，如果伤害他人的同时也损害自己，那么必然失败。

## 点评

对成功的极度渴望，往往会让人迷失自我，当我们为达目的不择手段，甚至伤害他人时，却不知道这种短视行为不仅会伤害他人，更会削弱自身的力量，最终使我们陷入失败的泥潭。

成功与失败，一念之差。

坚守道德底线，以诚信、公正、善良为准则，方能赢得尊重与帮助，迈向成功；反之，为私利不择手段，终将众叛亲离，身败名裂。

因此，我们应深刻认识到，害人终害己，唯有坚持道德原则，尊重他人，合作共赢，方能共创美好未来，实现人生梦想。

# 李斯与沙丘之变

### 权臣李斯为何以悲剧收场？

李斯辅佐秦始皇一统六国，功勋卓著。作为秦始皇最为信任的大臣，李斯在朝中位高权重。然而，当秦始皇在沙丘宫驾崩，面对权力更迭的关键时刻，李斯却未能坚守原则与忠诚，反而被赵高利用，坠入了利欲的深渊。

当时，名将蒙恬与公子扶苏正驻守北方，防御匈奴，功勋卓著且深得民心。赵高询问李斯他是否能与蒙恬相提并论，李斯自知不如。赵高趁机挑拨离间，声称扶苏若继位，必将重用蒙恬而冷落李斯。在权力的诱惑下，李斯的心智被迷惑，最终选择了与赵高同流合污，篡改遗诏，处死扶苏与蒙恬，并拥立胡亥为帝，史称"沙丘之变"。

胡亥即位后，残暴无道，赵高则趁机专权，朝中一片混乱。李斯虽曾试图规劝胡亥，却已无力回天，最终反被赵高诬陷谋反，身陷囹圄，遭受酷刑而死。

### 坚守原则，抵制诱惑。

面对权力的诱惑与威胁，李斯本应坚守原则与忠诚，然而，他却因贪恋权势而迷失了方向，最终沦为赵高手中的棋子。李斯如果不为权力所诱惑，或许能够避免卷入赵高的阴谋之中，秦朝是否二世而亡也未可知。然而，他选择与虎谋皮，最终导致了自身的悲剧，并加速了秦朝的灭亡。

**秦朝灭亡,身死族灭。**

　　李斯因贪恋权势而与赵高合谋篡改遗诏,最终导致了个人与国家的双重悲剧。他被赵高诬陷谋反,遭受酷刑并被诛灭三族。这一结局不仅是他个人悲剧的写照,也是秦朝政治腐败和统治失败的象征。李斯的故事告诉我们:面对权力的诱惑,必须坚守原则与底线,保持清醒的头脑与坚定的立场,任何试图通过损害他人来谋取私利的行为,必将遭受反噬。

**原文**

君子之名，胜于小人之实。

**译文**

君子的美名，远远胜过小人谋得的实际利益。

## 点评

君子之所以能名垂青史，是因为他们始终坚守正道，以诚待人，以信立世。他们不为一己之私而损害他人利益，更不会为了名利而违背良心与道德。

在困境中，君子能够坚守信念，勇于担当；在顺境中，他们则能保持谦逊，不忘初心。这种高尚的品质与行为，不仅赢得了世人的赞誉与敬仰，更为后人树立了学习的楷模。

反观小人，他们往往为了个人利益而不择手段，甚至不惜损害他人与社会的利益。他们或许能暂时得逞，但终究会暴露无遗，受到应有的惩罚与谴责。

君子的名声历经时间的考验，得到了众人的认可，它超越了个人私欲与短期利益，是君子人格魅力的光辉体现。小人谋求的实利，不过是昙花一现，无法与君子之名相提并论。

# 诸葛亮与司马懿的对比

**为何诸葛亮壮志未酬却名垂千古?**

三国时期,诸葛亮与司马懿都是杰出的政治家与军事家。然而,在后世人的眼中,诸葛亮的名声却远远超过了司马懿的。这并非因为诸葛亮在军事上取得了多少辉煌的胜利,而是因为他那高尚的品德与无私的奉献精神。

诸葛亮一生鞠躬尽瘁,死而后已。他辅佐刘备建立蜀汉政权,又尽心尽力辅佐刘禅,为蜀汉的繁荣稳定呕心沥血。他清廉自守,不贪不腐;他忠诚于国家与君主,从不计较个人得失。这种高尚的品德与无私的奉献精神,赢得了世人的广泛赞誉与敬仰。

相比之下,司马懿虽然也是一位杰出的政治家与军事家,但他为了个人利益与权力,不惜采取各种手段。虽然他最终取得了曹魏政权的控制权,但其手段与行为却饱受争议与谴责。因此,在后世人的眼中,司马懿的名声远不及诸葛亮的。

**修身立德,树立楷模。**

那些能够名垂青史的人,都是品德高尚、无私奉献的君子。他们用自己的行动诠释了人生的价值与意义,为后人树立了学习的楷模与榜样。

**名垂青史,流芳百世。**

我们应该以诸葛亮为榜样,注重个人品德的修养与提升,以诚信为本,以善良为怀。我们应该坚守正道与良知,不为名利所惑,不为私欲所动。只有这样,我们才能赢得他人的尊重与敬仰。

**原文**

小人之祸，烈于君子之难。

**译文**

小人遭受的灾祸，要比君子经受的苦难惨烈得多。

## 点评

　　君子与小人都会遭遇各自的挑战与苦难，然而，由于两者的品格、行为方式及价值观存在根本差异，他们在面对困难时所呈现出的状态及最终承受的后果也截然不同。

　　君子，以高尚的道德情操和坚定的原则为指引，即便身处逆境，也能保持内心的平和与坚韧。他们将困难视为成长的磨砺，勇于面对，积极解决。因此，君子所经历的苦难，往往能转化为他们前进道路上的动力。

　　小人则因私欲过重、品德卑劣而常常陷入自我制造的困境之中。他们为了一己之利，不惜违背道德，触犯法律，甚至损害他人的利益。这种行为不仅会导致他们的人际关系紧张、信誉扫地，更可能引发严重的社会后果。一旦小人的恶行被揭露，他们将面临来自四面八方的指责与惩罚，永难翻身。

# 贾似道晚节不保

### 贾似道为何招致覆灭？

南宋末年，贾似道作为权臣，私向蒙古忽必烈乞和，答应称臣纳币，兵退后诈称大胜。贾似道沉迷于权力与财富的争夺之中，贪婪成性，腐化堕落。他不仅结党营私、排除异己，还滥用职权、聚敛钱财，使得南宋朝政日益腐败。

贾似道生活奢侈靡费，沉溺于享乐之中。他喜好斗蟋蟀，甚至将蟋蟀带上朝堂，严重损害了朝廷的威严和形象。他对待下属严苛无情，对敢于直言进谏的朝臣进行打压和迫害，进一步加剧了朝野对他的反感。面对蒙古军队的威胁时，贾似道未能采取有效的军事措施进行防御。相反，他多次隐瞒军情，甚至与蒙古私下议和，出卖了南宋的国家利益。在丁家洲之战中，贾似道亲率大军迎战蒙古军队，却大败而归。他的无能和怯懦，让南宋军队士气低落，也加剧了南宋的灭亡危机。在蒙古军队逼近临安之际，贾似道失去了所有支持。他被贬为高州团练副使，流放到偏远的循州安置。在押解途中，他被监押使臣郑虎臣所杀，结束了罪恶的一生。

### 修身齐家，治国平天下。

如果贾似道能够在权势的诱惑面前保持清醒的头脑，以国家为重，以人民为先，修身养性，广开才路，那么他或许能够成为一位名垂青史的贤相，引领南宋走向复兴之路。然而，他的贪婪与短视使他走上了自我毁灭的道路，也加速了南宋的灭亡。

**国破家亡，遗臭万年。**

　　随着贾似道等人的胡作非为，南宋朝政更加腐败不堪，民心尽失。最终，在蒙古军队的强大攻势下，南宋政权土崩瓦解，贾似道本人也落得个身败名裂、死于非命的下场。他的所作所为，不仅使他自己遗臭万年，更让南宋的百姓和后世之人对其深感痛恨。

**原文**

观其人也，可知成败矣。

**译文**

观察一个人的品行与行为，可以预知他未来的成功或失败。

**点评**

我们常说："相由心生，境随心转。"意思是说，一个人的性格、品质，这些内在的修养，决定他的言行举止和境遇，进而决定他的命运。

成功与失败，并非偶然，而是个人内在素质与外界环境相互作用的结果。因此，通过观察一个人的言行举止以及面对困境时的态度，我们可以窥见其未来的成败端倪。

有的人勇于面对挑战，即使遭遇挫折也不轻言放弃；而有的人则缺乏坚韧不拔的精神，容易被困难击倒。

我们要学会观察人，从细微之处入手，了解一个人的内心世界。只有这样，我们才能更准确地判断一个人的潜力和未来走向。

# 惜哉周郎，年寿不长

### 周郎才情出众，为何功败垂成？

三国时期，东吴名将周瑜，以其卓越的军事才能和英俊的外貌闻名于世。他智勇双全，多次为东吴立下赫赫战功，是东吴不可或缺的中流砥柱。然而，就是这样一个才华横溢的将领，却因个人性格上的缺陷，最终未能实现其宏图大志。

周瑜性格中的最大弱点，便是心胸狭窄，难以容人。他虽与诸葛亮并称"瑜亮"，但内心深处却对诸葛亮的才华充满嫉妒。在赤壁之战后，周瑜曾多次试图除掉诸葛亮，以消除这一潜在的威胁。然而，他的计谋均未能得逞，反而使自己陷入了更加被动的境地。

更为严重的是，周瑜在面对失败时，往往缺乏足够的冷静与理智。他过于自信，因此产生一系列的失误，不仅削弱了东吴的军事实力，也严重影响了他的威望。

### 胸怀宽广，冷静理智。

如果周瑜能够克服自己性格上的缺陷，以更加宽广的胸怀去接纳他人，以更加冷静理智的态度去面对挑战与失败，那么他或许能够成为一位更加伟大的领袖，引领东吴走向更加辉煌的未来。然而，历史没有如果，周瑜的性格缺陷最终导致了他功败垂成。

### 英年早逝，壮志未酬。

周瑜年仅三十六岁便逝世，留下了无尽的遗憾。关于他的死因，历史上众说纷纭，一种广为流传的说法是，周瑜在赤壁之战后心力交瘁，不幸病逝，基于这种说法，还演绎出周瑜被诸葛亮的气死的情节。另一种说法则认为，周瑜的死与孙权的猜忌有关，他或许在权力的斗争中遭遇了不幸。无论真相如何，周瑜的早逝都与他的性格相关，他的心胸狭窄，决定了他难以在更广阔的舞台上施展才华，实现更大的抱负。

**原文**

敌者，予之可制也。

**译文**

面对敌人，通过给予的方式就可以战胜他们。

## 点评

兵者，诡道也，明予实取。

面对敌人或复杂的局势，直接对抗并非最佳策略。相反，通过巧妙的让步与给予，可以麻痹敌人的意志，或引导其步入陷阱，甚至使其内部产生矛盾，从而达到控制局面的目的。这种策略不仅体现了深远的战略眼光，也彰显了高超的战术技巧。

在日常生活与工作中，同样需要此种智慧。面对竞争对手或困难的挑战，我们不应一味地硬拼，而应学会审时度势，灵活运用资源，通过给予对方相应利益或条件，换取自身更大的优势和主动权。这样不仅能减少无谓的损耗，还能在关键时刻扭转乾坤，实现自己的目标。

# 汉武帝的推恩令

### 汉武帝如何解决诸侯王势力过强的问题？

西汉初期，诸侯王势力强大，对中央集权构成了严重的威胁。汉武帝想要削弱诸侯王的实力，为了避免直接冲突带来的内乱，采取了"推恩令"这一高明的策略。

推恩令并非直接剥夺诸侯王的土地或权力，而是要求诸侯王除了嫡长子继承王位外，其他子嗣也可以分割王国的一部分土地成为列侯。这一政策表面上看是对各诸侯王子嗣的恩赐，实则巧妙地削弱了他们的力量。随着侯国的增多，每个侯国的领地和实力都大为减弱，难以再对中央构成威胁。

### 智取而非力敌，利诱以制敌。

面对强大的敌人或潜在威胁，我们应善于运用智慧和策略，而非仅仅依靠武力和强权。通过洞察敌人的需求和欲望，给予其看似有利可图但实际上能削弱其实力的施予，从而在不动声色中达到制衡和控制的目的。

### 诸侯式微，中央集权加强。

汉武帝的推恩令成功削弱了诸侯王的实力，加强了中央集权，为西汉的繁荣稳定奠定了坚实的基础。这一策略不仅展现了汉武帝的智慧与远见，也为后世提供了宝贵的经验与启示。

**原文**

友者，予之可久也。

**译文**

面对朋友，通过给予的方式，就能使友谊长久。

## 点评

在人生的旅途中，友谊如同细水，需要我们不断注入温情与关怀，方能使其源源不断。当我们以真心对待朋友，不断给予朋友关心、鼓励和支持时，这份友谊便会细水长流。

《诗经》有云："投我以桃，报之以李。"真正的友谊，是建立在相互给予、相互扶持的基础之上的。

友谊的维护并非一朝一夕之功，它需要我们持之以恒地付出与经营。只有当我们用心去倾听、去理解、去包容朋友时，我们才能真正赢得他们的信任与尊重，从而共同维系这份珍贵的友谊。

# 桃园三结义

### 桃园三结义，何以感天动地？

东汉末年，天下大乱，英雄辈出。《三国演义》中，刘备、关羽、张飞三人，虽出身各异，却因共同的理想与信念走到了一起。在涿郡张飞庄后的桃园里，他们三人结为异姓兄弟，誓同生死，共图大业。这份情谊，超越了血缘，成为他们后来无数次并肩作战、共渡难关的坚实后盾。刘备，胸怀大志，虽屡遭挫折而不改其志；关羽，忠义无双，为了兄弟情谊，可以过五关，斩六将，千里走单骑；张飞，勇猛善战，对刘备和关羽更是忠心耿耿、毫无二心。三人相互扶持，共同面对了曹操的追杀、袁绍的打压、东吴的对抗等一系列艰难险阻。

### 同心同德，患难与共。

刘备、关羽、张飞之间的兄弟情谊之所以能够历经磨难而不改其色，是因为他们三人能够同心同德，患难与共。无论遇到多大的困难，他们都能彼此信任、相互支持，共同寻找解决问题的方法。正是这种坚定不移的兄弟情谊，让他们相互扶持，在乱世中安身立命。

### 青史留名，永载史册。

刘备、关羽、张飞三人的故事被后人广为传颂，"桃园三结义"或为虚构，但他们的兄弟情谊真挚而深厚，被后人视为千古佳话。无论是《三国演义》中的精彩描写，还是历史上的真实记载，都证明了他们之间的友情是何等感天动地。

**原文**

亲者，予之可安也。

**译文**

面对亲人，通过给予的方式，就能使家庭和乐。

## 点评

家庭是我们最温暖的港湾。亲人之间的相互关爱与无私奉献，是维系家庭和睦、确保心灵安宁的基石。

亲人之间那份血浓于水的情感，是我们面对困境时最坚实的后盾。当我们对亲人毫不吝啬地给予关爱、支持与理解时，这份情感就如涓涓细流，滋养着每一个家庭成员的心田。

在人生的旅途上，我们或许会遇到无数的风雨与挑战，但只要有亲人在旁，心中便有了依靠。他们的关怀与理解，如同温暖的阳光，照亮我们前行的道路，让我们在疲惫与困惑时找到心灵的归宿。

我们应当珍惜与亲人之间的每一份情感，用心去呵护这份来之不易的安宁与幸福。

# 刘裕与刘道怜：兄弟齐心，共筑帝业

### 身处乱世，刘裕兄弟如何共处？

刘裕，南朝宋的开国皇帝，自幼家境贫寒，但胸怀大志。他的弟弟刘道怜虽然不如刘裕英勇善战，但在刘裕的创业过程中给予了坚定的支持。在刘裕起兵反抗东晋的过程中，刘道怜始终站在他的身边，不仅为他筹集军资，还多次在关键时刻保护他免受敌人的暗算。

### 兄弟情深，同舟共济。

刘裕与刘道怜兄弟之间的深厚情感，成为他们共同奋斗的强大动力。刘裕在战场上勇猛杀敌，刘道怜则在后方稳定局势，两人相互配合，共同应对各种挑战。刘裕对刘道怜的信任与依赖，以及刘道怜对刘裕的无私奉献，都展现了他们之间深厚的兄弟之情。

### 帝业有成，家族荣耀。

在刘裕的领导下，他们最终推翻了东晋，建立了南朝宋。刘裕登基为帝后，对刘道怜给予了极高的荣宠与封赏，让他担任了重要的官职。刘道怜也始终保持着对刘裕的忠诚与敬畏，为南朝宋的稳定与发展贡献了自己的力量。兄弟两人共同见证了家族的辉煌时刻，也为后世留下了兄弟情深、共创伟业的佳话。

**原文**

功高未可言胜,功不为胜也。

**译文**

即使功勋卓著,也不代表最终的胜利,因为功绩并不等同于胜利。

## 点评

翻开历史,无数英雄豪杰以非凡的才智和不懈的努力,取得了令人瞩目的功绩。

然而,功高并不总是伴随着胜利的欢呼,因为一时成就并非衡量胜利的唯一标准,胜利更在于其对后世的影响,对当事人内心的修炼以及对和谐共生的追求。

当个人或集体取得巨大成就时,若止步于炫耀与自满,而忽视了对未来的规划与对社会的贡献,那么这份功劳便难以转化为持久的胜利。我们不可被一时的成就所迷惑,而要保持谦逊与警觉,不断前行。

# 李密与瓦岗军的兴衰

**李密战功赫赫，为何仍未能一统天下？**

　　李密，字玄邃，出身贵族，是北周名将李弼的曾孙，因时局动荡而起兵反隋。他凭借过人的智慧和领导能力，迅速在瓦岗军中拔得头筹，成为众人拥戴的首领。在李密的带领下，瓦岗军势如破竹，接连击败隋军，声威大震。然而，李密在取得一系列胜利后，逐渐滋生了骄傲自满的情绪，对部下的意见和建议不再像以往那样重视。这种心态的变化，导致瓦岗军内部的团结和凝聚力受到削弱。此外，李密不再体恤将士，府库中没有什么积蓄，甚至打了胜仗李密都不把战利品分给将士们，使得瓦岗军将士离心离德。于是王世充乘势袭击瓦岗军，败瓦岗军数员骁将。瓦岗军的裴仁基、祖君彦、程知节等被王世充所擒，邴元真、单雄信等人久不满李密，相继向王世充投降。瓦岗军遭到重创，李密西逃长安，投奔李渊。当年瓦岗军的战将秦叔宝、徐世勣、罗士信、程咬金等也都先后降唐。李密归唐，李渊大喜，拜李密为光禄卿，封邢国公，还将表妹独孤氏嫁给了李密，称呼李密为弟。但李密不甘居于人下，对自己的处境非常不满，决定叛乱，最终兵败被杀，时年三十七岁。

**谦逊持重，广开才路。**

　　如果李密能在取得胜利后保持谦逊和冷静的心态，继续虚心听取部下的意见，与军民同心同德，准确把握时局的变化和敌我力量的对比，并注重培养和选拔新的将领和人才，为瓦岗军的持续发展注入新的活力。那么，他或许能够在更加稳固的基础上继续推进统一大业，走向个人理想的巅峰。

**壮志未酬，身死人手。**

李密叛唐被杀，不仅是他个人的悲剧，也是瓦岗军的遗憾。他的故事告诉我们：即便功勋再高，也需要不断的努力和持续的奋斗。在追求胜利的过程中，我们必须保持清醒的头脑和谦逊的态度，不断反思和改进自己的策略和行为，方能立于不败之地。

## 原文

人愚未可言败，愚不为败矣。

## 译文

愚钝的人不能说就是失败的人，愚钝并不等同于失败。

## 点评

常言道："尺有所短，寸有所长。"每个人都有不同的天赋与资质。

有人天生聪颖，才华横溢；而有人则可能生性迟钝，学习起来倍感吃力。然而，愚钝的人并非注定一生碌碌无为。

智者固然能以其敏锐之洞察、卓越之思维引领时代，但愚者亦有其坚韧不拔、勤学不辍之精神，足以在逆境中奋起，成就非凡。

一个人即便在学识、能力上有所欠缺，只要内心常怀希望，不因自身之不足而自弃，能以谦逊的态度去学习、去进步，他们同样能够书写出属于自己的辉煌篇章。

# 叶奕绳：以勤补拙，终成大器

### 叶奕绳生性迟钝，为何成为文学大家？

叶奕绳，明末清初时期著名文学家，天生资质平平，记忆力极差。在求学的道路上，他常常面临前读后忘的困境，这使得他的学习进度异常缓慢。然而，面对这样的挑战，叶奕绳并未选择放弃，他制订了严格的学习计划，日复一日、年复一年地坚持着。无论面对何种困难和挫折，他都不退缩，总是以乐观的心态去面对，用坚韧不拔的毅力去克服。

### 正视不足，勤勉自励。

深知自己记忆力之差，叶奕绳独创了一种独特的读书方法：每当读到喜欢的篇章、段落或格言警句时，他便立即用纸笔抄录下来，并将抄录的纸片贴在房间的墙壁上，利用日常休息的时间，如做事间隙或小憩之时，在房间内踱步并朗读纸片上的内容。每日多次重复，直至每个字句都能脱口而出，无一遗漏。随着时间的推移，家中的四面墙壁逐渐被这些纸片填满，他又会定期将旧纸片取下收藏，换上新的内容，确保学习的持续性和新鲜感。一年下来，他积累的精彩段落可达三千余段，数量之巨，令人赞叹。

### 勤能补拙，终成大器。

数年如一日的坚持与积累，使得叶奕绳的学识日益渊博，文采日渐飞扬。当他提笔作文时，那些曾经熟读于心的文字如泉水般涌出，使得他的文章既充满深度又文采斐然。最终，他不仅在文学领域取得了显著成就，还因擅长戏曲创作而声名远播，成为明末清初一位备受尊崇的文学家。

## 兴亡卷七

**原文**

无不亡之身，存不灭之理。

**译文**

这个世上没有不死的人，只有不灭的天理。

**点评**

无论是高高在上的帝王将相，还是默默无闻的平民百姓，都无一例外地遵循着生老病死的自然法则。

尽管生命如同流星划过夜空般短暂，但总有那么一些人的思想、精神与事迹，能够摆脱时间的枷锁，跨越空间的界限，永远镌刻在历史的丰碑之上。

这些永恒不灭的道理与精神，如同星辰，指引着人类前行的道路，激励着无数后来者勇往直前。

# 王阳明的心学传承

### 肉身消逝后，思想如何永存？

王阳明，明代杰出的思想家、哲学家、文学家、军事家和教育家，一生致力于心学的研究与实践。他提出的"知行合一""致良知"等思想，对中国乃至东亚地区的文化产生了深远的影响。王阳明的生命也如同常人一般，有始有终。在王阳明去世后，他的心学并未随着他的肉身而消逝，反而得到了更为广泛的传播与发展。从明朝末年到清朝中叶，心学成为士人阶层的重要思想流派，影响了一大批具有高尚品德与卓越才能的文人墨客。即使在今天，王阳明的心学思想依然被许多人所推崇，成为他们修身养性、追求真理的重要工具。

### 立言立德，传承不息。

王阳明通过著书立说、讲学传道等方式，将自己的思想传授给后世。同时，他以身作则、身体力行地践行自己的道德理念，为后人树立了崇高的榜样。正是这种立言立德的精神追求，使王阳明的心学得以跨越时空的限制，成为人类文明史上的璀璨明珠。

### 精神永存，光照千古。

时至今日，王阳明的心学思想依然熠熠生辉，为后人提供了宝贵的精神食粮。他的思想不仅影响了中国历史的发展进程，还跨越国界，传播到海外各地，成为全人类共同的精神财富。

**原文**

春秋易逝,宏业可留。

**译文**

岁月匆匆流逝,伟大的事业却能永恒留存。

## 点评

　　春秋更迭,岁月如梭,众多人事皆被时间的洪流悄然吞噬。然而,总有一群人,凭借超凡的勇气与智慧,书写了不朽的篇章,永载史册。

　　我们无法阻挡时间的流逝,却能以实际行动,在历史上留下永恒的印记。这印记,不仅是对个人价值的认可,更是留给后世的珍贵遗产,激励着后来者勇往直前,追求卓越。

　　追求伟大的事业,需要坚定信念,不懈努力。当面对失败与挫折时,唯有坚定信念,才能拥有足够的勇气和毅力去克服一切困难,勇往直前。所以,只有那些坚韧不拔、坚持到最后的人,才能品尝到胜利的果实。

# 霍去病：封狼居胥，英名永存

### 霍去病短暂的一生为何璀璨夺目？

霍去病，西汉名将，出身将门，自幼便展现出非凡的军事才能。他二十岁不到便随舅父卫青出征匈奴，首战便率八百骁骑深入敌境数百里，斩首捕虏两千余人，一战成名。此后，他更是屡建奇功，成为西汉抗击匈奴的杰出代表。

元狩四年（前119），霍去病与卫青各率五万骑兵，深入漠北，与匈奴进行了一场决定性的战役。霍去病率部北进两千余里，与匈奴左贤王部接战，歼敌七万余人，俘虏匈奴屯头王、韩王等三人及将军、相国、当户、都尉等八十三人，乘胜追杀至狼居胥山，在狼居胥山举行了祭天封礼，在姑衍山举行了祭地禅礼，兵锋一直逼至瀚海。经此一战，"匈奴远遁，而幕南无王庭"。霍去病的辉煌战绩，不仅为西汉王朝赢得了宝贵的和平，也让他在历史上留下了浓墨重彩的一笔。

### 英勇善战，锐意进取。

霍去病能够在短暂的生命中创造出不朽的业绩，关键在于他英勇善战、锐意进取的精神。他敢于深入敌境，以少胜多，展现出非凡的军事才能和勇气。同时，他也注重战略谋划，善于捕捉战机，以最小的代价取得最大的胜利。这种精神不仅体现在他的军事行动上，也贯穿他的一生。

### 英名永存，激励后人。

元狩六年（前117），霍去病病逝，年仅二十四岁。霍去病虽然英年早逝，但他辉煌的战绩和英勇的精神却永载史册。每当人们提起西汉时期的英雄人物时，霍去病的名字总是会被提及。他激励着人们不断前行，为实现自己的理想和抱负而努力奋斗。

## 原文

薄敛则民富，兴焉。

## 译文

轻徭薄赋，则百姓富裕，国家随之兴盛。

## 点评

一个国家的繁荣与富强，离不开民众的富足与安宁。

当统治者能够体恤民情，实行轻税薄赋的政策时，民众的负担得以减轻，生产积极性显著提高，社会经济自然蓬勃发展。反之，若税收繁重，民不聊生，则必然导致社会动荡，国家衰败。

在现代社会，政府应当制定合理的税收政策，确保税收既能满足国家运行的需要，又不至于给民众带来过重的负担。只有这样，才能激发民众的创造力与活力，推动社会经济持续健康发展。同时，政府还应加强对税收的监管与使用，确保税收收入真正用于改善民生，促进社会的公平与正义。

# 汉文帝的轻徭薄赋

**封建王朝第一个盛世是怎样实现的？**

西汉初年，经过秦末农民战争和楚汉相争的连年战乱，社会经济遭受了严重的破坏，百姓生活困苦不堪。汉文帝即位后，面对这一严峻形势，他采取了一系列鼓励农业生产、轻徭薄赋、与民休息的政策。汉文帝不仅减免了农民的田租，还减轻了徭役和兵役的负担，使农民得以安心从事耕作。他多次下诏免除百姓的租税，对遭受自然灾害的地区进行赈济。这些政策的实施，极大地激发了农民的生产积极性，促进了农业生产的恢复与发展。随着农业生产的繁荣，手工业和商业也逐渐兴起，社会经济呈现出全面复苏的态势。

**轻徭薄赋，与民休息。**

汉文帝通过轻徭薄赋、与民休息的政策，为西汉初期的经济复苏和国家强盛奠定了坚实的基础。他始终将民众的利益放在首位。他的这一决策，不仅赢得了民众的衷心拥护和支持，也为后世的统治者树立了榜样。

**国家强盛，百姓安乐。**

在汉文帝的治理下，西汉初期实现了社会的稳定和经济的繁荣。百姓的生活水平得到了显著的提高，国家财政收入稳步增长，军事实力显著增强。同时，社会风气淳朴善良，国家呈现出一片欣欣向荣的景象。

**原文**

政苛则民怨,亡焉。

**译文**

政策严苛,则民众心生怨恨,国家终将灭亡。

## 点评

《礼记·檀弓下》中有《苛政猛于虎》一文,深刻揭露了古代严苛的赋税对百姓的残害。

从这篇文中我们看到,当古代统治者制定并执行严苛的政策,不顾及民众的疾苦与需求时,民众的生活便会陷入困境,心中自然会生发出对统治者的不满与怨恨。这种不满与怨恨一旦积累到一定程度,便会引发社会的动荡与不安,最终可能导致王朝的覆灭。

因此,应当秉持仁政理念,以民为本,制定符合民众利益的政策。在实施政策时,应充分考虑民众的实际情况。只有这样,才能赢得民众的信任与支持,保持社会的稳定与和谐,进而推动国家的繁荣与发展。

# 秦朝的严刑峻法

### 秦朝一统天下,为何却民心尽失?

秦朝是中国历史上第一个统一的帝国,然而其统治期却极为短暂。其中一个重要原因便是秦朝实行了严刑峻法。秦朝的法律极为严苛,不仅规定了众多的罪名与刑罚,还实行了连坐、族诛等残酷的刑罚制度。这些政策给民众带来了巨大的恐惧与压迫,使得民众生活在一种极度的紧张与不安之中。此外,秦朝还大兴土木,修建了长城、阿房宫等浩大的工程,这些工程给民众带来了沉重的徭役负担。在严苛的法律与繁重的徭役的双重压迫下,民众的生活水平急剧下降,心中充满对秦朝统治者的怨恨与不满。

### 宽刑省役,以民为本。

如果秦朝能够在制定政策时更加考虑民众的利益与感受,宽刑省役,减轻民众的负担与恐惧,那么或许能够赢得民众的信任与支持,从而巩固其统治地位。然而,秦朝却选择了严刑峻法,最终引起了民众的反抗,加速了自身的灭亡。

### 民怨沸腾,王朝覆灭。

秦朝的严刑峻法激起了民众的强烈反抗,农民起义风起云涌,最终秦朝的统治被推翻。秦朝因苛政而失去民心,最终走向了灭亡的道路。

**原文**

人主兴亡,非为天也。

**译文**

国家的兴亡,并非取决于天命,而是人为所致。

**点评**

封建王朝的兴衰更替,往往是由封建统治者的智慧、勇气、道德以及治理策略所决定的,而非简单地归结于天命。

一个封建统治者,能够洞察时局,顺应民心,制定合理的政策,从而能引领国家走向繁荣;而一个昏庸无能的统治者,则可能因决策失误、贪腐无能而导致国家陷入混乱与衰败。

因此,封建王朝统治者应当深刻认识到自己的历史使命和责任担当,不断提升自己的治理能力和水平,以国家的利益为重,致力于国家的长治久安和繁荣发展。

# 明孝宗朱祐樘的中兴之道

### 明孝宗朱祐樘如何开创弘治中兴？

明孝宗朱祐樘是明朝的第九位皇帝，其执政初期便面临着父亲朱见深遗留下的政治腐败与经济衰退的严峻挑战。朱见深在位中后期，沉迷于方术与后宫，过度宠信万贵妃，导致内廷政务荒废，国家陷入困境。朱祐樘即位伊始，便展现出非凡的政治智慧与决心。他贬斥方士，遣散冗官及宗教领袖，同时起用丘濬、徐溥等贤能之士入阁辅政。尤为重要的是，他任命刚正不阿的王恕为吏部尚书，主理朝廷人事变动，使得朝政风气焕然一新。对于声名狼藉的首辅万安，朱祐樘更是果断处理，清除其党羽，开启了"群小斥逐、正人汇进"的弘治新局。在后宫生活中，朱祐樘与其父截然不同，与皇后张氏过着平凡而恩爱的夫妻生活。尽管身体羸弱，但朱祐樘勤政不辍，每日视朝，风雨无阻。在宦官管理上，朱祐樘汲取前朝教训，对宦官势力严加防范。他约束东厂、锦衣卫等特务机构，使其不敢擅权越轨。同时，他注重选拔贤宦，如怀恩、萧敬等人，均以廉洁爱民著称。对于违法乱纪的宦官，朱祐樘则毫不姑息，严惩不贷，如掌酒宦官因私带弄儿入宫并将其谋杀，就被朱祐樘下令处死，以儆效尤。

### 勤政爱民，整顿朝纲。

朱祐樘能够成功实现中兴，关键在于他能够勤政爱民，整顿朝纲。他深知国家的兴衰与君主的治理密不可分，因此他时刻以国家和人民的利益为重，兢兢业业地履行着君主的职责。同时，他也注重选拔贤能之士为朝廷效力，形成了清正廉洁、高效务实的政治氛围。

**国家中兴，文化昌盛。**

在朱祐樘的治理下，明朝实现了中兴，政治清明、经济繁荣、文化昌盛的局面再次呈现在世人面前。朱祐樘的治国理念和成功经验为后世的历史发展留下了宝贵的启示和借鉴，历代史家对朱祐樘的评价普遍较高，将其称颂为贤君，比于汉文帝、宋仁宗。

**原文**

君子兴家，不用奇计。

**译文**

有德行的君子在兴家立业时，不依赖巧诈与奇谋。

## 点评

家庭的兴盛与衰败，往往与家族成员的品德和行为紧密相关。

君子以正道立家，在追求家族繁荣的道路上，绝不会选择旁门左道，更不会利用奇谋诡计来谋取短暂的利益。因为君子明白，这样的手段或许能带来一时的成功，却会严重损害家族的声誉和根基，最终导致家族的衰落。

君子坚持以德服人，以理治家，用自身的言行举止为家族成员树立榜样，从而引领家族走向更加光明的未来。

# 晏子的家风与家训

### 如何促进家族兴旺？

晏婴，春秋时期齐国著名政治家、思想家，其家风与家训不仅对其家族产生了深远影响，更为后世提供了宝贵的借鉴意义。《晏子春秋》中，记载了晏子辞退家臣高纠的故事，晏子指出其家风有三条，而高纠一条都不具备，因此才被辞退。晏子在临终时还给子女留下了家训，强调勤俭、仁爱、尚贤、富国的重要性。他告诫子孙：要节约用度、勤俭持家；对待家中的童仆和民众要仁爱体恤；做官要尊重人才；同时要努力工作，为国家的繁荣富强做出贡献。

### 以德治家，以训立家。

晏婴注重家风的建设与传承。他的三条家风，一是家人要谈正事、做公事，务实苦干、一心为公；二是在外要多赞扬家人、树立家人的良好形象，在内多互相批评、互相提醒；三是要尊贤重士，对人才平等，热情诚恳。这三条家风体现了晏婴克己奉公、严格约束家人、尊重人才的优秀品质。

### 家风纯正，家族昌盛。

晏婴以自己的言行举止为家族成员做榜样，引导他们树立正确的价值观和道德观。同时，他还通过家训的形式将家族的传统美德和处事原则固化下来，供后代子孙学习借鉴。晏婴的家风家训传承至今，不仅使他的家族保持了长久的兴盛与繁荣，更为后世树立了良好的典范。

**原文**

小人败业，坏于奸谋。

**译文**

小人事业的败坏，都是毁在狡诈阴谋之上。

**点评**

诚信与正直是事业和家业稳固的基础。

为了谋求私利，不惜采取欺骗、陷害等卑劣手段损害他人的行为，最终不仅会伤害无辜，也会亲手埋葬自己的前程。这种行为不仅是对道德底线的践踏，更是对社会公平正义的公然挑衅，必然遭受应有的报应。

# 李辅国乱政伏诛

### 李辅国如何一人搅乱整个政局？

　　李辅国，唐玄宗时期入宫成为宦官，凭借对太子李亨的忠诚与侍奉，逐渐成为其心腹。天宝十四载（755），"安史之乱"爆发，李辅国力劝太子李亨留守抗敌，并成功助其登基为唐肃宗。

　　唐肃宗性格温和，对李辅国极为信任，将军国大事全权托付，使得李辅国权势日盛，几乎一手遮天。李辅国设立了"察事厅子"，严密地监视官员动向，对所有违抗其意志的官员施以重罚。他更是肆意干预司法，以个人好恶决定全国讼案，甚至擅自任免地方节度使，将朝廷大权牢牢掌握在自己手中。李辅国还企图成为唐朝首位宦官宰相，这一举动遭到了宰相萧华的强烈反对。为此，李辅国在皇帝面前屡进谗言，构陷萧华，最终迫使皇帝免去了萧华的相位，并将萧华逐出京城。

　　在肃宗病重之际，张皇后密谋废黜太子李豫，改立越王李系为帝。这一阴谋被李辅国的同党及时发现，李辅国等人迅速行动，保护太子安全，并逮捕了越王及其党羽，同时囚禁了张皇后。当晚，唐肃宗病逝，次日，太子李豫顺利登基为帝，即唐代宗。李辅国因拥立有功，权势更甚。

### 克制权欲，恪尽职守。

　　若李辅国能回溯往昔，他或许会意识到，权力的诱惑与朝政的混乱仅一线之隔。他本应忠诚于国家，恪尽职守，却逐渐迷失在权力的游戏中，成为搅乱朝政的元凶。

**罪恶伏诛，遗臭万年**

　　唐代宗登基后，李辅国日益骄横，唐代宗表面优待李辅国，尊之为"尚父"，封其为司空兼中书令，私下却通联宦官程元振，夺其兵权。不久，又派人于深夜将其刺杀，割下头颅扔到厕所中，并谥号为"丑"，以示其奸恶之行。李辅国借奸谋乱政，一度权倾朝野。他罪行累累，在史书上留下了奸臣的恶名，被后人唾弃。李辅国的故事，留给我们的，是对权力、忠诚与道德的深刻反思。

## 原文

正不予贿，邪不予济，察之无误也。

## 译文

正直的人不会给予他人贿赂，邪恶的人不会在他人危难时伸出援手，只要仔细观察，便能做出正确的判断。

## 点评

  正直的人绝不会以贿赂为手段达到不正当的目的，而是通过自己的努力与才华去赢得他人的尊重与信任，这样的成功才经得起时间的考验与历史的评判。

  邪恶的人往往只关注自己的利益，对他人的苦难与困境视而不见，甚至落井下石。这样的行为不仅违背了人性的基本准则，更会让社会陷入冷漠与无情的深渊。

  在现实生活中，我们往往需要仔细观察与深入分析才能看清一个人的本质。我们可以通过观察一个人的言行举止、待人接物的方式来了解其内心世界与价值观。

  但是，正邪并非一成不变的，在特定的环境与条件下，人的品性也会发生相应的变化。因此，我们在判断一个人时，还需要考虑他所处的环境、面临的压力等诸多条件。

# 李斯背弃韩非

### 同门之谊何以酿成悲剧？

战国时期，韩非与李斯同为荀子门下的杰出弟子，两人曾同窗共读，情谊非同一般。韩非创作了《孤愤》等系列佳作，这些作品后来被编纂为《韩非子》一书，流传千古。秦王嬴政阅读韩非的文章后，对其才华大加赞赏。公元前234年，秦国派遣军队逼迫韩非前往秦国，韩非在秦王询问策略时，建议其先攻赵国，暂缓对韩国的征伐。然而，韩非因对姚贾被任命为上卿一事心怀不满，进而在秦王面前诽谤姚贾。姚贾得知此举后，心生怨恨，便对韩非以谗言进行陷害。作为秦国的重要大臣，李斯本有能力也有机会挽救韩非的性命，但他担心韩非若得势会威胁到自己的地位，便以不忍见韩非遭受酷刑为借口，让韩非服毒自尽。李斯的这一行为，不仅背离了两人之间的深厚友情，也暴露了他内心的自私与冷酷。

### 坚守道义，珍视友情。

面对朋友的困境和危难，我们应当坚守道义，伸出援手。这不仅是对友情的珍视，更是对自我品德的锤炼。只有那些在关键时刻能够挺身而出的人，才能赢得他人的尊重和信任。

### 邪恶小人，终尝恶果。

李斯的行为充分暴露了他为了个人利益可以背弃任何人的邪恶本质。后来，秦始皇驾崩，他与赵高合谋，陷害了公子扶苏，这一举动更是将他推向了深渊。然而，善恶终有报，李斯最终也未能逃脱命运的惩罚。他的所作所为，不仅让他在历史中留下恶名，也警醒后人：那些为了私利而不顾道义的人，终将自食其果。

**原文**

天降之喜，莫径取焉。

**译文**

上天赐予的好事，不宜轻易、直接地获取。

## 点评

天降甘霖，固然令人欣喜，然而面对突如其来的好运，我们应当保持清醒的头脑，不可盲目追求，更不可急功近利。

福祸相依，有时看似美好的机遇背后，可能隐藏着未知的陷阱或挑战。

因此，面对天降之喜，我们应保持理性与审慎的态度，不急于求成，而是应深入思考其背后的价值与潜在的风险，以确保我们能稳妥地把握机遇，避免因一时的冲动而步入歧途。

# 朱元璋：高筑墙，广积粮，缓称王

### 群雄并起的元末乱世，朱元璋何以笑到最后？

元末，天下大乱，群雄并起，朱元璋起初仅是众多起义军中一支微小的力量。然而，他凭借出色的战略眼光和谨慎的行事作风，逐渐在乱世中崭露头角。在诸多势力中，朱元璋稳步发展，不急功冒进，避免了因过早暴露目标而招致的攻击和打压，也赢得了民众的支持和信任。最终，在时机成熟时，他一举击败众多对手，成功建立了明朝。

### 稳健发展，厚积薄发。

面对接连不断的胜利和扩大势力的机会，朱元璋采纳朱升"高筑墙，广积粮，缓称王"的策略，加强军事防御，大力发展农业生产，对外保持低调，不急于称王争霸，而是默默积蓄力量，等待时机。这一策略使朱元璋在群雄并起的乱世中稳步发展，逐渐壮大自己的实力。

### 成就帝业，后世传颂。

朱元璋凭借"高筑墙，广积粮，缓称王"的稳健策略，成功建立了明朝，开创了历史上一个新的时代。在追求目标的过程中，我们应向朱元璋学习，保持冷静和审慎，以稳健的步伐向前迈进。只有这样，我们才能在人生的道路上越走越远，成就一番伟业，留下永恒的光辉。

**原文**

不测之灾，勿相欺焉。

**译文**

面对突如其来的灾祸，我们不应相互欺骗。

**点评**

突如其来的灾难，考验着我们的诚信与担当。在灾难面前，有人选择坦诚相待，共渡难关，而有人则选择隐瞒真相，以求自保。

诚信是为人的根本，在灾难面前，相互欺骗无异于雪上加霜，它不仅会削弱我们抵抗灾难的力量，还会在人们的心中留下难以愈合的创伤。

面对困境，我们应坚守道德底线，坦诚面对，因为欺骗只会加剧危机，破坏彼此之间的信任，最终让所有人陷入更深的困境。

如果我们能够坦诚相待，共同面对困难，就能凝聚起更强大的力量，共同战胜灾难。

# 缪燧与沂水旱情

### 沂水旱情中，缪燧为何能赢得百姓的信赖？

缪燧，清代著名循吏，曾任山东沂水知县、浙江定海知县。他在沂水县任职期间，沂水出现了罕见的旱情，水库干涸，河床龟裂，耕地大面积歉收、绝收，家畜因缺水生病而大批死亡，百姓生活陷入困境。面对灾情，缪燧如实向上禀报，没有丝毫隐瞒。他深知，只有让上级了解真实情况，才能获得更多的支持和帮助。因此，他冒着被问责的风险，将灾情如实上报。这一举动迅速赢得了上下一致的认可。

### 大公无私，坦诚相待。

在救灾过程中，缪燧建议将赈灾银两直接发放给百姓，让百姓自行购粮，以更快地解决燃眉之急。这一大胆的建议最初并未被同僚接受，但缪燧坚持己见，据理力争，最终使建议得以实施。他的这一举动不仅体现了他对百姓的深切关怀，也彰显了他在关键时刻的决断力和担当精神。此外，缪燧还积极帮助百姓恢复生产。他变卖自己的家产购买耕牛、铁犁、种子等生产资料，分发给受灾百姓。这一举动让百姓深受感动，也进一步巩固了他在百姓心中的地位。

### 百姓安居乐业，缪燧名垂青史。

缪燧在沂水县任职期间，赢得了百姓的广泛赞誉。他离任时，百姓心怀悲伤，送别缪燧离境。后来，他调任浙江定海知县，继续为民请命、造福一方。缪燧的故事告诉我们：只有坦诚面对困难，积极寻求解决方案，才能赢得众人的信赖和支持。